高职高专电子信息系列技能型规划教材

全新修订

电子焊接技术实训教程

主　编　梅琼珍　黄贻培　詹　星
副主编　伍春霞　王　飞　何　杰
参　编　陈帅华　黄晓燕　闫俊岭
　　　　王晓勤

内 容 简 介

本书是依据《电子组件可接受性 IPC-A-610D》要求，结合目前电子行业相关岗位工作技能要求而编写。本书共分6个项目，主要内容有：安全用电常识、常用导线的连接、焊接工艺知识、常用拆焊工具的介绍、万用表及常用元器件的识别与检测、常用元器件的焊接。本书充分考虑了提高学生的操作能力和操作技能的重要性，以实用技能提高为核心，重在培养学生的实践能力和就业技能。

本书可作为高职高专院校电子、电气、机电一体化及自动化类专业学生进行实践性教学的指导用书，也可供其他职业教育（培训）以及有关工程技术人员参考。

图书在版编目(CIP)数据

电子焊接技术实训教程/梅琼珍，黄贻培，詹星主编．—北京：北京大学出版社，2013.8
（高职高专电子信息系列技能型规划教材）
ISBN 978-7-301-22959-0

Ⅰ.①电… Ⅱ.①梅…②黄…③詹… Ⅲ.①电子元件—焊接—高等职业教育—教材②电子器件—焊接—高等职业教育—教材 Ⅳ.①TN05

中国版本图书馆 CIP 数据核字(2013)第 179677 号

书　　名：电子焊接技术实训教程
著作责任者：梅琼珍　黄贻培　詹　星　主编
策 划 编 辑：张永见
责 任 编 辑：李嫫婷
标 准 书 号：ISBN 978-7-301-22959-0/TM・0056
出 版 发 行：北京大学出版社
地　　址：北京市海淀区成府路 205 号　100871
网　　址：http://www.pup.cn　新浪官方微博:@北京大学出版社
电 子 邮 箱：编辑部 pup6@pup.cn　总编室 zpup@pup.cn
电　　话：邮购部 010-62752015　发行部 010-62750672　编辑部 010-62750667
印　刷　者：北京虎彩文化传播有限公司
经　销　者：新华书店
787 毫米×1092 毫米　16 开本　11.25 印张　255 千字
2013 年 8 月第 1 版　2023 年 8 月修订　2024 年 6 月第 7 次印刷
定　　价：42.00 元

前　言

电子焊接技术课程具有实践性强和应用性广的特点。近几年来，编者所在学校的相关专业开展了以公司岗位职责为教学目标，以工作项目为导向的实训教学模式，教师到企业顶岗学习，企业技术人员到学校兼职教学工作。多层次立体式教学使学生在学校就能了解企业相关专业岗位要求，学生的动手能力明显增强。编者所在学校的学生到广东美的制冷设备有限公司、伟创力实业(珠海)有限公司、东莞东聚电子电讯制品有限公司永川分厂等企业实习与工作，受到所在公司的一致好评。本书编写小组成员经过多次商讨，并与校企合作的知名企业的工程师、技术骨干多次沟通、交流，终于完成了本书的编写。本书结合高校“教、学、做”一体化教学模式，实现了“以服务为宗旨、以就业为导向、以能力为本位”的职业教育目标。

本书面向职业岗位纵横交错体系中的某一岗位群，结合工作岗位的需求，以工作过程为课程内容的组织逻辑，以项目为导向、任务为驱动，通过具体的任务学习工作知识，带动操作技能、职业能力的形成，旨在提高学生操作技能和就业能力。

电子产品的小型化、轻量化、薄型化和环保化已经成为电子行业发展的的主流方向，电子产品的生产工艺也必须从原来的手工焊接技术转换为现代自动焊接技术，自动焊接技术的发展已经成为现代电子企业生产必不可少的一部分。

21世纪是科技时代，在科技进步和社会发展的同时，环保问题越来越突出，各国都对环保越来越重视，顾客对环保的要求越来越高。人们不断追求高品质的生活，尤其电子产品已成为日常生活中不可或缺的工具，电子产品中的有害物质减少或消除势在必行。欧盟、美国、日本及中国相继立法，限制电子产品中有害物质的使用，并已陆续实施，满足RoHS要求。

本书从无铅化定义、无铅焊接技术、无铅焊点质量控制、无铅化组装等方面介绍了无铅化技术，是一本既具有理论意义又极具实践价值的经典之作。

本书具有以下特点。

(1) 本书的内容编排以项目为主线，搭建了一个典型的企业项目环境，使学生可以体验实际工作岗位的全过程，并认识到项目的功能角色及培养组织协调能力，领会实践带动理论学习的高效学习方式，使学习过程与工作过程相结合，融“教、学、做”于一体。

(2) 本书从生产实际应用出发，以安全生产为主线，对锡焊工艺知识进行详细的分析讲解，并采用来自电子生产企业实践的典型真实案例进行辅助说明，图文并茂，让以后从事电子制造业的学生及工程技术人员学到焊接工艺的相关知识。

(3) 本书是学生到企业进行生产实践前对所学专业基础知识的一次综合应用，也是进一步进行毕业设计和考取国家资格证书学习课程的基础。

(4) 本书是一门专业基础课程，针对的职业岗位是重点培养电子行业高技能焊接技术工人、高级维修技术员、电子工程师等企业技术岗位人才。

本书由重庆科创职业学院梅琼珍、黄贻培、詹星任主编，伍春霞、王飞、何杰、陈帅

华、黄晓燕、闫俊岭、王晓勤参与了书中部分内容的编写。广东美的制冷设备有限公司、伟创力实业(珠海)有限公司、东莞东聚电子电讯制品有限公司永川分厂等企业的工程师和技术骨干参与了本书内容的讨论，在此表示感谢！

由于本书涉及的知识内容多，编者在编写过程中参阅了大量的教辅参考书、技术资料、图片等文献，在此向原作者致以衷心的感谢，如有不敬，恳请谅解。

由于时间仓促和编者水平有限，书中难免存在不足之处，恳请广大师生和读者不吝指正。

编　者

2013 年 5 月

目　录

绪论

一、基于工作过程的电子焊接实训教程课程介绍

1.1 课程性质

本课程旨在培养学生具有一定的焊接生产准备能力，根据焊接材料的特点制定合理的工艺方案，并能分析焊接缺陷产生的原因和解决焊接缺陷问题，提出预防措施。通过本课程内容的学习，为焊接技术及自动化专业后续专业课程内容的学习奠定基础。

1. 课程概述

本课程为电子信息工程、通信工程、电气自动化、机电一体化、机电技术专业的基础课程，针对的职业岗位是突出培养焊接技术工人、维修技术员、电子工程师等企业技术岗位，培养学生观察和分析问题、团队协助、沟通表达等能力和综合素质。

本课程是学生在到企业进行生产实践前对所学专业基础知识的一次综合应用，也是进一步进行毕业设计和技师考证学习课程的基础。

2. 课程的基本理念

本课程以培养高素质高技能型人才为培养目标，以“技术先进、实用、理论够用”为原则，注重课程的应用性、技能性和实践性；设计让学生扮演操作者的角色，将一个个相对独立的工作任务交予学生完成，从信息的收集、方案的设计与实施，到完成后的评价，都由学生具体负责；同时让学生在情景的刺激和教师的引导下主动开展探究活动，并在探索过程中掌握知识，学习分析问题、解决问题的方法，进而达到提高分析问题、解决问题的能力。

1）增强现代意识，培养专门人才

通过本课程的学习，要求学生掌握基于工作过程的电子焊接实训教程课程后，能够从事焊接工艺，焊接材料与设备的营销与售后服务；生产一线从事技术、技术管理、操作、维护检修及质检管理等方面的工作。

2）围绕核心技术，培养创新精神

锻炼学生的应变能力、创新能力是本课程的宗旨。因而本课程的项目教学以培养学生具有一定创新能力和创新精神、良好的发展潜力为宗旨，以行业科技和社会发展的先进水平为标准，充分体现规范性、先进性和实效性。

3）关注全体学生，营造自主学习氛围

本课程以学生为主体开展学习活动，创设易于调动学生学习积极性的环境，结合学生特点引导学生主动学习，形成自主学习的氛围。

3. 课程的设计思路

在课程开发上，以工作过程中典型工作任务为中心选择、组织课程内容，并以完成工作任务为主要学习方式，其目的在于加强课程内容与工作之间的相关性，整合理论与实践，提高学生职业能力培养的效率。

在教学内容选择上，以能力为目标，以项目为载体，按照技术领域和职业岗位(群)的任职要求，参照职业资格标准确定教学内容，使教学内容与实际工作保持一致。分析典型工作任务与任务分解、确定行动领域，见表0-1。

表0-1　工作任务及任务分解

工作任务	任务分解(主要)	行动领域
安全用电常识	有关人体触电的知识 安全电压 触电原因及预防措施 触电急救 防雷常识	掌握安全用电常识
常用导线的连接	线头绝缘层的剖削 导线线头的连接	掌握导线的连接
焊接工艺知识	焊接的基本知识 焊料与焊剂 无铅制程相关知识 焊接技术	了解焊接工艺
焊接常用工具的使用	烙铁 吸锡枪 热风枪 通针	焊接常用工具的使用
元器件的识别及检测	电阻 电容 二极管 三极管 集成电路	元器件的识别及检测
常用电子元器件的拆、焊	焊接步骤 电阻 电容 二极管 三极管 集成电路 排针、排线、导线	常用电子元器件的拆、焊

根据行动领域，按照人才培养模式，重构课程体系，形成职业素质贯穿基础技能模块、专业核心技能模块、拓展模块、顶岗实习等模块。从而导出学习领域，见表0-2。

表0-2　专业核心技能模块

模块名称	学习领域（专业课程）	课程简介	学习地点
核心技能	现代焊接技术	本课程旨在培养学生具有一定的焊接生产准备能力，根据焊接材料的特点制定合理的工艺方案，并能分析焊接缺陷产生的原因和解决焊接缺陷问题，提出预防措施。通过本课程内容的学习，为焊接技术及自动化专业后续专业课程内容的学习奠定基础，本课程是焊接工艺技术人员必备的专业基础知识	校内外实训基地、准就业实习企业

在教学方法手段上，“教、学、做”为一体；在教学实施上：采用“项目导入”的教学手段。项目任务的设置应在明确的教学目标指导下，综合考虑知识结构的纵横关系，统筹规划项目的内容和层次，既要练习书本的基础知识，又要具有一定的思想空间和难度，还得能够发挥学生的自主意识和创新能力。在课程教学方法上，坚持以企业典型案例导入；在课程教学内容上，坚持开发和采用学院特色教材；在课程教学手段上，坚持采用双语教学、多媒体教学。

在教学评价方面，建立突出职业能力培养的课程标准，规范课程教学的基本要求，学生校内成绩考核与企业实践考核相结合，突出能力和项目结果考核。在课程设置上，始终坚持“岗位能力为导向”的原则。

在每个学习情境的教学实施中，尽可能采用小班教学，将讲课与实验台合二为一。按照工作过程的6个步骤：资讯、决策、计划、实施、检查、评价，进行组织和实施教学，教师“在讲中做、在做中讲”，学生“在学中做、在做中学”。采用项目导入、行动导向型的教学方法，通过实训、实习、项目设计与制作等方式进行融“教、学、做”为一体的专业技能训练，在过程的学习中提升学生的专业知识、技能和综合素养。

遵循由易到难的原则确定教学项目，确定好教学项目以后，关键的任务是使学生在教师指导下自主学习，全面提高职业能力，实现人才培养与人才需求的对接。将传统的以理论教学为主、实践教学为辅的形式，改为以实践教学为主、理论教学为辅的形式。

1）建立专业焊接实训室

为了突出生产服务的特点，可以把教室建设成工厂的模样，模拟企业的生产形式组织教学，建立一套车间班组体制。首先制订车间的各种规章制度，包含安全规章制度、操作章程、人员管理制度等；然后设置主管、焊接工程师、焊接技术员、维修人员等岗位，通过学生的竞聘和选举，建立学生自己的一套领导班子，各司其职，使学生在完整的生产过程中，得到组织、协调、沟通等职业能力的锻炼。

2）任务的下达及工作计划的制订

在教学过程中，由教师下达学生的学习任务，实施教学项目。在任务的确定中，要遵循由易入难的原则，先进行小项目练习，如焊接工艺知识、电烙铁焊接技术步骤及方法、

常用电子元器件焊接实训、课外拓展等。学生收到任务书后，每个小组都要经过自主学习、讨论，制订具体的工作计划，包括确定项目目的、项目原理分析、项目所需器材、项目实施内容及步骤、项目注意事项等。

3）工作过程

学生在实施项目时需提交材料及工具申请，获得准许后到材料员处领取材料及工具，开始进行焊接。焊接完毕后，通过焊点外观工艺检查及 PCBA 半成品性能检测，从而学习焊接工艺到各种常用电子元器件焊接的工艺流程，掌握相应的理论知识。在工作过程中，教师可以进行提问，引导学生发现问题，从而解决问题，学习更多的知识。

4）项目验收及评价

学生完成一个项目后，由教师带领技术员进行项目验收，经过考核后，学生上交资料。在实验过程中，如有损坏，各班组需负责修好，如损坏严重，需记录在案，当评选优秀班组时要查核此记录。

在考核过程中灵活多变，不再以单一的考核方式来评定学生的优劣，也不再等到期末再进行考试，而是随着模块的进行，因材施教，随时考核。根据各小组完成的情况，选做内容或学生在实践中有自选内容或创新内容，可在原有成绩等级基础上提升一级。同时，鼓励学生参加社会考核以提高学生在人才市场上的竞争力。

1.2 课程培养目标

本课程的总体目标是通过层次性循序渐进的学习过程，使学生克服对本课程知识的枯燥、相关概念难理解的畏惧感，激发学生的求知欲，培养学生敢于克服困难、终生探索的兴趣。具体目标分述如下。

1. 知识目标

(1) 熟练使用常用电子仪表、电工工具。
(2) 熟悉企业电子产品生产的焊接工艺及相关工作流程。
(3) 熟悉焊接相关岗位说明书。
(4) 了解焊接过程的物理本质，能从理论上说明焊接与其他连接方法的根本区别。
(5) 了解金属熔焊时焊件上温度变化规律。
(6) 掌握焊接冶金过程中常见缺陷的特征、产生条件和影响因素。
(7) 掌握常用焊接材料的性能特点应用范围，了解焊条配方的设计原则及制造过程。
(8) 通过课外拓展学习使学生提前了解工厂 8S 管理方法及工厂一些相关知识，让学生在毕业后能尽快适应相关的工作岗位。

2. 技能目标

(1) 安全用电常识。
(2) 常用导线的连接。
(3) 了解焊接的基本知识。
(4) 了解焊料与焊剂。
(5) 掌握无铅制程相关知识。
(6) 掌握自动设备焊接技术。

(7) 掌握焊接常用工具的使用。
(8) 掌握元器件的识别及检测。
(9) 掌握焊接步骤。
(10) 掌握各种常用电子元器件的拆、焊。

3. 情感与态度目标

(1) 培养学生乐于思考、敢于实践、认真做事的工作作风。
(2) 培养学生好学、严谨、谦虚的学习态度。
(3) 培养学生健康向上、不畏难、不怕苦的工作态度。
(4) 培养学生良好的职业道德、职业纪律。
(5) 培养学生遵循严格的安全、质量、标准等规范的意识。
(6) 培养学生自我检查、自我学习、自我促进、自我发展的能力。
(7) 培养学生相关职业素养、团队合作精神、5S管理理念、创新精神。
(8) 培养学生项目管理应用的能力。

4. 可持续发展目标

(1) 学习如何正确认识课程的性质、任务及其研究对象，全面了解课程的体系、结构，对焊接技术有一个总体的把握，提高学生自学能力。

(2) 学会理论联系实际，使课内与课外试验、科技活动紧密结合，提高了学生学习兴趣，增强了掌握运用所学理论知识解决相关专业领域实际问题的能力。

(3) 掌握实验仪器的使用方法，充分利用现有实验设备，加大实践的比重，不仅在课堂可以实验，在课后实验室定期开放，提供实验的场所，提高学生动手能力。

(4) 注重培养学生查阅科技资料的能力。

二、现代焊接技术课程任务分配与标准

本课程应在学生修完《电工电子技术基础》、《电工学》等课程后开设。

2.1　教学内容与学时分配

本课程根据企业技术岗位和岗位技能需求以及实际工作任务中所需的知识、技能、素质要求来选取教学内容；具体工作任务与教学见表0－3。

表0－3　学习情境结构与学时分配

序号	学习情境名称	学习情境说明	学习场地要求	学习方法	学时
1	安全用电常识	有关人体触电的知识 安全电压 触电原因及预防措施 触电急救 防雷常识	在实验室中，准备使用多媒体教学器件进行安全用电知识培训	引导法 讲述法 实际操作观看法 任务教学法 讨论法	7

续表

序号	学习情境名称	学习情境说明	学习场地要求	学习方法	学时
2	常用导线的连接	线头绝缘层的剥削 导线线头的连接	在实验室中,准备万用表一块、电烙铁一套,焊锡丝、静电环、刀片、镊子、剪钳、剥线钳、导线	引导法 讲述法 实际操作观看法 任务教学法 讨论法	6
3	焊接工艺知识	1. 掌握焊接的基本知识 (1) 焊接的定义：利用加热或其他方式，使焊料与被焊金属原子之间相互吸引，相互渗透，依靠原子之间的内聚力使两金属永久牢固地结合，这种方法叫焊接； (2) 掌握锡焊分类及特点：主要分为3类，即熔焊、接触焊、锡焊； (3) 了解焊接机理：润湿(横向流动)、扩散(纵向流动)、合金层(界面层)； (4) 了解形成合金层的条件：焊接材料必须具有充分的可焊性、被焊物表面必须清洁、焊接的温度和时间要适当； 2. 了解焊料与焊剂 (1) 了解焊料分类：有铅合金、无铅合金焊料； 按成分分类：锡铅焊料、银焊料、铜焊料等； 按耐温分类：高温焊料、低温焊料、低熔点焊料等； (2) 了解助焊剂分类：无机助焊剂、有机助焊剂、松香基助焊剂； 3. 了解无铅制程知识 (1) 有铅产品对人体的伤害； (2) WEEE 与 RoSH 指令简述、中国法规及对应措施； (3) 无铅制程的导入； (4) 无铅研究与发展状况； 4. 自动设备焊接技术 (1) THT(手摆)工艺常用自动焊接设备的工作原理及操作要点； (2) SMT(表面贴装)工艺常用自动焊接设备的工作原理及操作要点	在实验室中，准备万用表一块、电烙铁一套，焊锡丝、静电环、刀片、镊子、剪钳、常用元器件、印制电路板	引导法 讲述法 实际操作观看法 任务教学法 讨论法	8

续表

序号	学习情境名称	学习情境说明	学习场地要求	学习方法	学时
4	焊接常用工具的使用	1. 烙铁的认识及使用 2. 吸锡器的认识及使用 3. 热风枪的认识及使用 4. 通针的认识及使用	在实验室中，准备万用表一块、电烙铁一套、焊锡丝、热风枪、锡枪、通针、静电环、刀片、镊子、剪钳、常用元器件、印制电路板	引导法 讲述法 实际操作观看法 任务教学法 讨论法	8
5	万用表的使用及元器件的识别检测	1. 万用表的分类(机械、数字)及使用(能正确选择量程读取数据) 2. 电阻元器件的识别检测 (1) 电阻器按其结构分类(固定电阻、半可调电阻和电位器)及相应符号(固定电阻与半可调电阻的符号为R，电位器的符号为W)； (2) 电阻元器件的性能指标(额定功率、标称阻值允许偏差、最高工作电压等)； (3) 电阻元器件的检测(使用数字/机械万用表进行检测)； 3. 电容元器件的识别检测 (1) 电容元器件按材料分类(纸介电容、陶瓷电容、云母电容、铝电解电容等)，电容在电路中用符号C表示； (2) 电容元器件的性能指标(额定工作电压、标称容量、允许误差等)； (3) 电容元器件的检测(使用数字/机械万用表进行检测)； 4. 二极管的识别检测 (1) 二极管按材料分类(锗二极管、硅二极管、砷化镓二极管等)，二极管在电路中用符号V或VD表示； (2) 二极管的主要参数(最大整流电流、最高反向工作电压、最高工作频率等)； (3) 二极管的检测(使用数字/机械万用表进行检测)； 5. 三极管的识别检测 (1) 三极管按材料分类(锗三极管和硅三极管)，三极管在电路中用符号VT表示；	在实验室中，准备万用表一块、电烙铁一套、焊锡丝、静电环、刀片、镊子、剪钳、常用元器件、印制电路板	引导法 讲述法 实际操作观看法 任务教学法 讨论法	8

续表

序号	学习情境名称	学习情境说明	学习场地要求	学习方法	学时
5	万用表的使用及元器件的识别检测	(2) 三极管的3个工作状态(放大状态、截止状态、饱和状态); (3) 三极管的检测(使用机械万用表进行检测); 6. 集成电路的识别检测 (1) 集成电路按功能和结构分类(模拟集成电路和数字集成电路),集成电路的符号为IC; (2) 集成电路的主要参数(静态工作电流、增益、最大输出功率等); (3) 集成电路的检测(用机械万用表进行检测)			
6	各种常用电子元器件的拆、焊	1. 各种常用元器件的拆、焊 2. 焊前的清洁和搪锡 3. 焊接的"四步操作法"和"二步操作法" 4. 烙铁头撤离方法及其作用 5. 各种常用元器件的焊接(电阻、电容、二极管、三极管、集成块) 6. 导线与接线端子的焊接(绕焊、钩焊、搭焊) 7. 常见的不良焊接分类	在实验室中,准备万用表一块、电烙铁一套、焊锡丝、静电环、刀片、镊子、剪钳、常用元器件、印制电路板	引导法 讲述法 实际操作观看法 任务教学法 讨论法	16

2.2 教师的要求

(1) 具有焊接工艺工作经验及理论知识。
(2) 具备焊接操作的能力。
(3) 具有比较强的驾驭课堂的能力。
(4) 具有良好的职业道德和责任心。
(5) 具备基于行动导向的教学的设计应用能力。

2.3 学习场地、设施要求

多媒体教室,焊接实训室。

2.4 考核标准与方式

为全面考核学生的知识与技能掌握情况,本课程主要以过程考核为主。课程考核涵盖项目任务全过程,主要包括项目实施等几个方面,见表0-4。

表0-4 考核方式与考核标准

序号	学习情境名称	考核点	建议考核方式	评价标准			成绩比例
				优	良	及格	
1	安全用电	安全用电常识(100分)	1. 有关人体触电的知识(10分) (1) 人体触电种类：电击和电伤； (2) 人体触电方式：单相触电、两相触电、跨步电压触电、悬浮电路上的触电； 2. 安全电压(10分) 3. 触电原因及预防措施(30分) (1) 预防直接触电的措施：绝缘措施、屏护措施、间距措施； (2) 预防间接触电的措施：加强绝缘措施、电气隔离措施、自动断电措施； 4. 触电急救(30分) (1) 触电的现场抢救措施； (2) 口对口人工呼吸法； (3) 胸外心脏挤压法； 5. 防雷常识(20分)				
2	导线连接	常用导线的连接(100分)	1. 线头绝缘层的剖削(50分) (1) 塑料硬线绝缘层的剖削； (2) 塑料软线绝缘层的剖削； (3) 塑料护套线绝缘层的剖削； 2. 导线线头的连接(50分) (1) 铜芯导线的连接； (2) 铝导线线头的连接； (3) 线头与接线桩的连接				
3	焊接工艺知识	焊接的基本知识(20分)	1. 掌握焊接分类及特点(5分) (1) 熔焊：是指在焊接过程中，将焊件接头加热至熔化状态，在不加外压力的情况下完成焊接的方法，如电弧焊、气焊等； (2) 接触焊：是指在焊接过程中，必须对焊件施加压力(加热或不加热)完成焊接的方法，如超声波焊、脉冲焊、摩擦焊等； (3) 锡焊：锡焊是指在焊接过程中，将焊件和焊料加热到高于焊料的熔点而低于被焊物的熔点的温度，利用液态焊料润湿被焊物，并与被焊物相互扩散，实现连接； 硬铅焊：焊料熔点高于450℃的焊接； 软铅焊：焊料熔点低于450℃的焊接。电子产品安装时采用，焊料主要用锡、铅等低熔点合金材料作焊料，又称为“锡焊”； 2. 了解焊接机理(5分) (1) 润湿(横向流动)：是指溶融焊料在金属表面形成均匀、平滑、连续并附着牢固的焊料层； (2) 扩散(纵向流动)：指伴随熔融焊料在被焊面的润湿现象而出现的焊料向金属内部扩散的现象； (3) 合金层(界面层)：扩散的结果使锡原子和被焊金属的铜的交接处形成合金层，从而得到一个牢固可靠的焊接点；				

续表

序号	学习情境名称	考核点	建议考核方式	评价标准			成绩比例
				优	良	及格	
3	焊接工艺知识	焊接的基本知识(20分)	3．了解形成合金层的条件(10分) (1)焊接材料必须具有充分的可焊性：可焊性是指被焊接的金属材料与焊锡在适当的温度和助焊剂的作用下，焊锡原子容易与被焊接的金属原子相结合，生成良好的焊点的特性； (2)被焊物表面必须清洁：因为氧化膜和杂质会阻碍焊锡和焊件相互作用，达不到原子间相互作用的距离，在焊接处难以形成真正的合金，容易虚焊； (3)选用合适的助焊剂：助焊剂的作用为清除焊件表面氧化膜并减小焊料熔化后的表面张力以利于润湿； (4)焊接的温度和时间要适当：根据不同物品，焊接要掌握好焊接的温度和时间				
		焊料与焊剂(20分)	1．了解焊料分类：有铅合金、无铅合金焊料(10分) (1)焊料的定义：能熔合两种或两种以上的金属，使之成为一个整体的易熔金属或合金； 按成分分类：锡铅焊料、银焊料、铜焊料等； 按耐温分类：高温焊料、低温焊料、低熔点焊料等； (2)常用的焊料 ① 锡(Sn)特点： 箔质软、低熔点，熔点温度232℃； 纯锡较贵，质脆而机械性能差； 常温下抗氧化性能强； ② 铅(Pb)特点： 浅青色的软金属，熔点温度327℃； 机械性能差，可塑性好，有较高的抗氧化性和腐蚀性，对人体有害(重金属)； 锡铅合金(俗称“焊锡”)； ③ 用铅和锡按照不同的比例熔成的合金焊料 在10年前电子产品安装中，常用的锡铅合金焊料中锡的比例为63%、铅的比例为37%，这种焊料又称为“共晶焊锡”； ④ 共晶焊锡特点： 熔点低，熔点温度为183℃，防止损坏元器件； 无半液态，可使焊点快速凝固从而避免虚焊； 表面张力低，焊料的流动性强，对被焊物有很好的润湿作用，从而提高焊接质量；抗氧化性能强；机械特性好； ⑤ 有铅焊膏用途： 用于表面贴装元件的再流焊接，由锡合金料粉和助焊剂等组成； 分类：树脂基铅焊膏；水清洗铅焊膏；免清洗铅焊膏； ⑥ 有铅焊膏特点： 有足够的黏性，可将元器件黏附在印制电路板上，以利于再流焊；不能用于手工焊接； ⑦ 无铅焊膏特点： 用银、铜等金属及锡按照不同的比例熔成的合金焊料，但不包含铅有毒物质，“共晶焊锡”的熔点为217℃；				

续表

序号	学习情境名称	考核点	建议考核方式	评价标准			成绩比例
				优	良	及格	
3	焊接工艺知识	焊料与焊剂(20分)	常用的物质配制：主要有 Sn-58Bi、Sn-3.5Ag、Sn-3.5Ag-4.8Bi、Sn-0.7Cu、Sn-3.8Ag-0.7Cu 等； 2. 了解助焊剂分类：无机助焊剂、有机助焊剂、松香基助焊剂(10分) (1) 作用：焊接时去除被焊金属表面间氧化层及杂质； (2) 无机助焊剂：如盐酸、磷酸、氧化锌氧化铵等，其化学作用强，助焊性能好，但腐蚀作用很大，在电子设备焊接中禁用； (3) 有机助焊剂：如甲酸、乳酸、乙二胺，树脂合成类等焊剂。含酸值较高的成分，有较好的助焊性能，可焊性高，有一定程度的腐蚀性。在电子设备焊接中受到一定限制； (4) 松香基助焊剂：是一种传统的助焊剂，在加热情况下，有除去焊件表面氧化物的能力，从而达到助焊剂的目的，还可以保护焊点不被氧化腐蚀的作用，在电子产品的装配焊接中被广泛应用； (5) 助焊剂的选用 对铂、金、铜、银、锡及表面镀锡的其他金属，可焊性较强，宜用松香酒精溶液作焊剂； 对铅、黄铜、青铜及镀镍层的金属焊接性较差，应选用中性焊剂； 对铁、镀锌、锡镍合金、低碳钢这些难于焊接的金属，应选用有机水溶性焊剂				
		无铅制程相关知识(40分)	1. 有铅产品对人体的伤害(5分) (1) 铅在各种产品中的使用量； (2) 有铅产品经常含有以下几种有毒重金属； (3) 常见的几种重金属对人体造成的伤害； 2. WEEE 与 RoSH 指令简述、中国法规及对应措施(10分) (1) 环保双绿指令总述 (2) WEEE 指令 (3) 欧盟 RoHS 指令 (4) 中国 RoHS 概述 (5) RoHS 符合性 (6) RoHS 第三方认证 3. 无铅制程的导入(20分) (1) 无铅的介绍 (2) 无铅与有铅材料的区分 (3) 环保标示 (4) 无铅制程的要求 (5) 无铅制程的建立 (6) 工厂无铅制程的控制指引 4. 无铅研究与发展状况(5分) (1) 无铅焊料研究状况 (2) 目前已使用的无铅焊料 (3) 推荐使用的无铅焊料 (4) 实施无铅工艺的相关问题				

续表

序号	学习情境名称	考核点	建议考核方式	评价标准			成绩比例
				优	良	及格	
3	焊接工艺知识	焊接技术(20 分)	(1) 了解 THT(手摆)工艺常用的自动焊接设备，有浸焊机、波峰焊机以及清洗设备、助焊剂自动涂敷设备等其他辅助装置(5 分) ① 浸焊设备的工作原理：是让插好元器件的印制电路板水平接触熔融的铅锡焊料，使整块电路板上的全部元器件同时完成焊接； ② 浸焊设备分类：普通浸焊机、超声波浸焊机； ③ 波峰焊接机的工作原理，机械手把电子元器件按照程序摆放在指定位置，电路板通过传送带送到高温炉焊接，利用液态的(焊锡)润湿在基材上，随着温度降低形成接点； ④ 焊锡材料：主要材料为 63%/37%锡铅合金。性能：熔点为 183℃；焊接温度下流动性好；能以最快速度完成焊接，焊接后的焊点机械强度好，导电性能好； ⑤ 波峰焊接机的分类：斜坡式波峰焊机、高波峰焊机、双波峰焊机； (2) SMT(表面贴装)工艺常用的自动焊接设备有锡膏印刷机、贴片机(高/中/低速)再流焊等设备(5 分) ① 再流焊工作原理：再流焊是 SMT 的主要焊接方法，它是先在 PCB 焊盘上涂布适量的焊膏，在其上安放元器件，利用焊膏的粘接性对元器件临时固定，然后靠外部热源使焊膏中的焊料熔化再流动，从而达到焊接目的； ② 再流焊类型：对流红外再流焊；热板红外再流焊；气相再流焊(VPS) ；激光再流焊； ③ 再流焊的特点： (a) 节省焊料，不需采用大的焊料槽，只需在焊接部位涂布锡膏； (b) 在元器件安放位置偏离焊盘时，由于熔融后焊料表面张力的作用，只要涂布焊膏位置正确，就能自动校正偏离，使元器件固定在所需位置； (c) 不像波峰焊和浸焊那样，要把元器件直接浸渍在熔融的焊料中。元器件所受热冲击较小。但由于加热方法不同，有时会施加给元器件较大的热应力； (d) 由于能控制焊膏的涂布量，极大限度地避免了桥接等缺陷的产生； (e) 可采用局部加热热源，从而可在同一基板上采用不同的焊接工艺进行焊接； (f) 焊膏中一般不会混入不纯物，使用焊膏时能保持焊料的组成不变； (3) THT 工艺流程资料(元器件及印制电路板)：准备→元器件用手插装→涂敷助焊剂→预热→焊接→冷却→清洗(5 分) (4) SMT 工艺流程：生产资料准备(BOM、ECN 等相关资料)→机器程序制作→物料、钢网及锡膏准备→锡膏印刷→检查→贴片→检查→回流焊接→检查维修(5 分)				

续表

序号	学习情境名称	考核点	建议考核方式	评价标准			成绩比例
				优	良	及格	
4	焊接常用工具的使用	烙铁(50分)	1．掌握基本结构组成及工作原理(10分) (1)组成：发热体为铁心；储热体为烙铁头；连接支架；手柄； (2)作用：将电能转化为热能； (3)工作原理：加热焊接部位融化焊锡，并在焊料和被焊金属之间形成一层合金，使其牢固地连接在一起； 2．掌握电烙铁的种类(5分) 1)外热式电烙铁 (1)定义：发热体由电阻丝缠绕在云母材料上制成，而烙铁头是插入发热体内的； (2)组成：由烙铁头、烙铁心、木柄、电源引线和插头等组成； (3)规格：20W、25W、30W、50W、75W、100W、150W、300W，焊接电子产品一般用25W的外热式电烙铁； (4)特点：绝缘电阻低，漏电大，热效率低、升温慢，体积大，结构简单，价格便宜； (5)用途：用于导线，接地线，形状较大的器件焊接； 2)内热式电烙铁 (1)定义：是指烙铁心装在烙铁头的内部，从烙铁头内部向外传导热； (2)组成：烙铁心、烙铁头、连接杆、手柄等； (3)烙铁心的构造：由镍铬电阻丝在瓷管上制成； (4)功率：20W、30W、50W； (5)特点：绝缘电阻高，漏电小，热效率高，升温快，发热体制造复杂，烧断后无法修复，一把标称为20W的内热式电烙铁，相当于25～45W的外热式电烙铁产生的温度； (6)用途：印制电路板上元器件的焊接； 3)自动温控式电烙铁 (1)定义：在普通电烙铁头上安装强磁体传感器制成； (2)工作原理：接通电源后，烙铁头的温度上升，当达到设定的温度时，传感器里的磁铁达到居里点而磁性消失，从而使磁心触点断开，这时停止向烙铁心供电；当温度低于居里点时磁铁恢复磁性，与永久磁铁吸合，触点接通，继续向电烙铁通电； (3)优点：比普通电烙铁省电二分之一，焊料不易氧化，能防止元器件因温度过高而损坏； (4)手枪式电烙铁：又称单手电烙铁，可以半自动送锡； (5)自动断电式电烙铁：焊接时可以自动断电，也有自动温控功能； 3．掌握电烙铁的选择和使用(20分) (1)电烙铁功率的选择：按照焊接任务的不同选用不同功率的电烙铁。一般半导体电路的元器件焊接，选用20W的电烙铁即可。如果焊接面积较大，可用45W电烙铁，焊接金属板、粗地线等大器件需用75W的电烙铁；				

续表

<table>
<tr><th rowspan="2">序号</th><th rowspan="2">学习情境名称</th><th rowspan="2">考核点</th><th rowspan="2">建议考核方式</th><th colspan="3">评价标准</th><th rowspan="2">成绩比例</th></tr>
<tr><th>优</th><th>良</th><th>及格</th></tr>
<tr><td>4</td><td>焊接常用工具的使用</td><td>烙铁(50 分)</td><td>
① 焊接较精密的元器件和小型元器件，宜选用 20W 内热式电烙铁或 25～45W 外热式电烙铁；
② 对连续焊接、热敏元件焊接，应选用功率偏大的电烙铁；
③ 对大型焊点及金属底板的接地焊片，宜选用 100W 及以上的外热式电烙铁；
（2）电烙铁类型及烙铁头的选用：分类主要有合金头、纯铜头
<table>
<tr><th>焊接对象及工作性质</th><th>烙铁头温度（室温、220V 电压）</th><th>选用烙铁</th></tr>
<tr><td>一般印制电路板、安装导线</td><td>300～400℃</td><td>20W 内热式、30W 外热式、自动温控式</td></tr>
<tr><td>集成电路、温度敏感元器件</td><td>300～400℃</td><td>20W 内热式、自动温控式</td></tr>
<tr><td>焊片、电位器、2～8W 电阻、大电解电容、大功率三极管</td><td>350～450℃</td><td>35～50W 内热式、恒温式、50～75W 外热式</td></tr>
<tr><td>8W 以上大电阻、ϕ2mm 以上导线</td><td>400～550℃</td><td>100W 内热式、150～200W 外热式</td></tr>
<tr><td>汇流排、金属板</td><td>500～630℃</td><td>300W 外热式</td></tr>
<tr><td>整机总装的导线，接线焊片(柱)、散热器、接地点</td><td></td><td>手枪式</td></tr>
<tr><td>高可靠要求产品</td><td></td><td>自动断电式及自动温控式</td></tr>
</table>
（3）电烙铁的选用应遵循的 4 个原则如下。
① 烙铁头的形状要适应被焊面的要求和焊点及元器件密度；
② 烙铁头顶端温度应能适应焊锡的熔点；
③ 电烙铁的热容量应能满足被焊件的要求；
④ 烙铁头的温度恢复时间能满足焊件的热度要求；
4. 握电烙铁的 3 种握法(5 分)
（1）反握法：适用于大功率和热容量大的焊件，烙铁头采用直型；
（2）正握法：弯头烙铁头焊接使用；
（3）握笔法：适用于小功率和热容量小的焊件，烙铁头采用直型；
5. 使用电烙铁的注意事项(5 分)
（1）使用前必须检查两股电源线和保护接地线的接头是否接对，否则会导致元器件损伤，严重时还会引起操作人员触电。用万用表检测两电源线的阻值是否为 1.5kΩ 左右，新电烙铁初次使用，应先对烙铁头上锡；
（2）焊接时，应使用松香或中性焊剂，因酸性焊接剂易腐蚀元器件、印制线路板、烙铁头及发热器；
（3）烙铁头应经常保持清洁；
</td><td></td><td></td><td></td><td></td></tr>
</table>

续表

序号	学习情境名称	考核点	建议考核方式	评价标准			成绩比例
				优	良	及格	
4	焊接常用工具的使用	烙铁(50分)	(4) 电烙铁工作时要放在特制的烙铁架上，烙铁架一般应置于工作台右上方，烙铁头不能超出工作台，以免烫伤工作人员或其他物品； 6．焊锡丝线径的选择(5分) (1) 印制板焊接：0.8～1.2mm； (2) 小型端子与导线焊接：1.0～1.2mm； (3) 大型端子与导线焊接：1.2～2.0mm				
		吸锡枪(20分)	(1) 作用：它是一种活塞式吸锡器拆卸工具(5分)； (2) 分类：按品牌分为Weller/威乐、HAKKO/白光、HOZAN/宝三、QUICK/快克；按操作方式分为手动吸锡枪和电动吸锡枪(5分)； (3) 手动吸锡枪使用方法：电源接通3～5s后，把活塞按下并卡住，将锡头对准元器件，待锡熔化后按下按钮，活塞上升，将锡吸入吸管。用毕推动活塞三四次，清除吸管内残留的焊锡，以便下次使用(5分)； (4) 电动吸锡枪的使用方法：吸锡枪接通电源后，经过5～10min预热，当吸锡头的温度升至最高时，用吸锡头贴紧焊点使用焊锡凝结，同时将吸锡头的内孔一侧贴在引脚上，并悄悄拨动引脚，待引脚松动、焊锡充沛凝结后，扣动扳机吸锡即可(5分)				
		热风枪(20分)	(1) 功能：用于拆焊小型贴片元器件及贴片集成电路(3分) (2) 组成：气泵、气流稳定器线性电路板、热风喷头、外壳(2分) (3) 使用方法如下。(10分) ① 用热风枪吹焊小贴片元器件一般采用小嘴喷头，热风枪的温度调至2～3挡，风速调至1～2挡。待温度和气流稳定后，便可用手指钳或镊子夹住小贴片元器件，使热风枪的喷头离欲拆卸的元件2～3cm，并保持垂直，在元器件的上方向均匀加热，待元器件周围的焊锡熔化后，用手指钳或镊子将其取下。如果焊接小贴片元器件，要将元器件放正，若焊点上的锡不足，可用烙铁在焊点上加注适量的焊锡，焊接方法与拆卸方法一样，只要注意温度与气流方向即可 ② 用热风枪吹焊贴片集成电路时，首先应该在芯片的表面涂放适量的助焊剂。这样既可防止干吹，又能帮助芯片底部的焊点均匀熔化。由于贴片集成电路的体积相对较大，温度调至3～4挡，风速调至2～3挡，风枪的喷头离芯片2.5cm左右为宜，吹焊时应用手指钳或镊子将整个芯片取下 (4) 使用提醒：热风枪的喷头要垂直焊接面，距离要适中，热风枪的温度和气流都要适当，吹焊结束时，应及时关闭热风枪电源，以免手柄长期处于高温状态，缩短寿命(5分)				

续表

序号	学习情境名称	考核点	建议考核方式	评价标准			成绩比例
				优	良	及格	
4	焊接常用工具的使用	通针 (10 分)	（1）作用：主要用于去除焊盘圆孔内的焊锡(2 分) （2）选用：主要根据焊盘孔的大小来选择相对应的通针，一般通针的大小比焊盘的内孔要小一点(3 分) （3）使用方法：一般用烙铁在需要除去锡的焊盘上加热，当锡熔化时，用合适的通针插入焊盘内，用手扭动通针，最后使焊盘内的锡去除干净(5 分)				
5	万用表及元器件的识别检测	万用表的检测、量程选择及正确读取数据 (14 分)	1．机械万用表的好坏检测(2 分) 方法：将万用表挡位旋至电阻挡，两表笔短接，若表盘上的指针有偏转则说明能使用，若短接指针没有偏转则需更换。 2．数字万用表的好坏检测(2 分) 方法：将万用表挡位旋至蜂鸣挡，两表笔短接，若发出蜂鸣声而且显示屏上有显示则说明能使用，若短接指针无蜂鸣声或显示屏上无显示则需要更换。 3．能根据被测元器件的标称值选择相应的量程(2 分) 4．能通过表盘上指针的偏转位置正确读取被测元器件的测量值(2 分)				
		电阻元器件的识别检测 (15 分)	（1）电阻器按其结构分为固定电阻、可调电阻和电位器。固定电阻与可调电阻的符号为R，电位器的符号为W(2分) （2）额定功率、标称阻值、允许偏差、最高工作电压为电阻元器件的主要性能指标(3分) （3）电阻元器件的检测如下。(5 分) ① 电位器检测步骤如下。 (a) 检查万用表是否机械调零，根据电位器的标称值选择适当的电阻挡量程进行欧姆调零 (b) 用选定的欧姆挡测“1”、“2”两端，其读数应为电位器的标称阻值，如万用表的指针不动或阻值相差很多，则表明该电位器已损坏 (c) 检测电位器的活动臂与电阻片的接触是否良好。用万用表测“1”、“2”或“2”、“3”两端，将电位器的转轴按逆时针方向旋至接近“关”的位置，这时电阻值越小越好。再顺时针慢慢旋转轴柄，电阻值应逐渐增大，表头中的指针应平稳移动。当轴柄旋至极端位置“3”时，阻值应接近电位器的标称值。如万用表的指针在电位器的轴柄转动过程中有跳动现象，说明活动触点有接触不良的故障 ② 四色/五色环电阻的检测步骤如下。(5 分) (a) 四色环电阻一般从金色或银色的另一端开始读数，五色环电阻一般从棕色的另一端开始读数 (b) 对于四色环电阻，第一、二条色环表示有效值，第三条表示 10 的倍率，第四条色环表示允许偏差；对于五色环电阻，前三条色环表示有效值，第四位表示 10 的倍率，第五条表示允许偏差				

续表

序号	学习情境名称	考核点	建议考核方式	评价标准			成绩比例
				优	良	及格	
5	万用表及元器件的识别检测	电阻元器件的识别检测（15分）	(c)根据色环电阻读取标称值，检查万用表是否需要机械调零，再根据该电阻的标称值选择适当的量程后进行欧姆调零，读取测量值				
		电容元器件的识别检测（11分）	(1) 电容在电路中的符号为C，单位有法、微法、毫法等(2分) (2) 电容按照材料分类可分为陶瓷电容、云母电容、铝电解电容等(2分) (3) 额定工作电压、标称容量、允许误差为电容的主要性能指标(2分) (4) 电容器的检测步骤如下。(5分) ① 根据电容器上的标称容量，选择数字万用表上相对应的电容量程 ② 将电容两引脚(不区分正负)插接CX中，读取显示屏上的测量值				
		二极管的识别检测（14分）	(1) 二极管在电路中符号为V/VD，二极管按材料分为锗二极管、硅二极管、砷化镓二极管(2分) (2) 最大整流电流、最高反向工作电压、最高工作频率为二极管的主要参数(2分) (3) 二极管的检测内容如下。(10分) ① 二极管好坏检测：将数字万用表旋至二极管挡位，如果数字万用表的两次读数均显示“1”，则被测元器件已坏。当两次读数有一次具体数值显示，另一次显示“1”时，说明二极管是好的 ② 二极管正负极性的判别：将数字万用表旋至二极管挡位，在两次测量中，有数字显示的那次测量，数字万用表红表笔所接的一端为二极管的阳极，黑表笔所接的一端为阴极				
		三极管识别检测（20分）	(1) 三极管在电路中的符号为VT，三极管按材料分为锗三极管和硅三极管(2分) (2) 放大状态、截止状态、饱和状态为三极管的3个工作状态(3分) (3) 三极管的管脚的判别步骤如下。(15分) ① 将机械万用表旋至挡位RX100/RX1k档，用黑表笔任接1管脚，再用红表笔分别接触接2脚和3脚 ② 两次测得的阻值基本相同，则黑表笔所接为基极B。若两次所测阻值为一大一小，用黑笔接另一管脚再试，直到所测阻值为一对大阻值(PNP)或一对小阻值(NPN)，即可判断黑表笔所接为基极 ③ 以NPN型为例判别其他两管脚。将黑表笔与假定的集电极2脚接触，并与已知基极1脚一起捏在左手拇指与食指之间。但注意不能让基极1与黑表笔或2脚在指间相碰，红表笔接3脚，记下读数				

续表

序号	学习情境名称	考核点	建议考核方式	评价标准			成绩比例
				优	良	及格	
5	万用表及元器件的识别检测	三极管识别检测（20分）	④ 调换黑表笔接3脚，并与已知基极1脚一起捏在左手拇指与食指之间。但注意不能让基极1与黑表笔或3脚在指间相碰，红表笔接2脚，记下读数 ⑤ 比较两次读数的大小，其中读数较小的那次读数假定成立，黑表笔所接为集电极。剩下的那只管脚为发射极 ⑥ 若为PNP管，其方法一样，只需将表笔对调即可				
		集成电路的识别检测（15分）	（1）集成电路按功能和结构分为模拟集成电路和数字集成电路，集成电路在电路中的符号为IC（2分） （2）静态工作电流、增益、最大输出功率为集成电路的主要参数（3分） （3）集成电路好坏的检测方法如下。（10分） ① 直流电压测量法：是检测集成电路的常用方法，主要是测量集成电路各引脚对地的直流工作电压值，再与标称值相比较，从而判断集成电路的好坏 ② 排除法：指维修中若判断某一部分电路（包含有集成电路）有故障，可先检测此部分电路的分立元器件是否正常，若分立元器件正常，则说明集成电路有故障，应考虑更换集成电路 ③ 直流电阻比较法：把要检测的集成电路各引脚的直流电阻值与正常集成电路的直流电阻值相比较，以此来判断集成电路的好坏。测量时要使用同一只万用表，同一个电阻档位，以减小测量误差。直流电阻比较法可以对不同机型、不同结构的集成电路进行检测，但须以相同型号的正常集成电路作为参照				
6	常用电子元器件拆、焊实训（100分）	各种常用元器件的拆焊（24分）	（1）能正确使用各种拆焊工具（10分） （2）拆下的元器件能保持完好、不改变电气性能（6分） （3）印制电路不损坏（8分）				
		焊前的清洁和搪锡（10分）	（1）清除被焊处的油污、灰尘、氧化层或绝缘漆，元件引线的清洁处理（5分） （2）给元件引线搪锡（5分）				
		常见的不良焊接分类（35分）	（1）检查项目包含：元器件本体、焊点、PCB外观（10分） （2）不良现象及标准参照：零件焊接工艺标准、PCBA焊接判定标准、PCBA工艺标准（15分） （3）不良图分析讲述（10分）				
		常用电子元器件的分类焊接（31分）	（1）按照焊接的相关工艺标准操作（3分） （2）常用电子元器件分类焊接，插件及贴片电阻、电容、二极管、三极管、各种IC、电容、线材、排针等元件器（25分） （3）焊接质量检查：按零件焊接工艺标准、PCBA焊接判定标准、PCBA工艺标准来检测（3分）				

2.5　学习情境设计

本课程设计了6个学习情境。下面对每一个学习情境进行描述，见表0-5～表0-10。

表0-5　学习情境S1-1设计

<table>
<tr><td colspan="5">学习情境S1-1：安全用电常识</td><td>学时：7</td></tr>
<tr><td colspan="3">学习目标</td><td colspan="2">主要内容</td><td>教学方法</td></tr>
<tr><td colspan="3">1. 掌握有关人体触电的知识
2. 掌握安全电压
3. 触电原因及预防措施
4. 触电急救
5. 防雷常识</td><td colspan="2">1. 人体触电的种类和方式
2. 电流伤害人体的因素
3. 人体允许电流及安全电压值
4. 触电的常见原因及预防直接触电的措施和间接触电的措施
5. 触电的现场抢救措施、口对口人工呼吸法、胸外心脏压挤法
6. 雷电的形成与活动规律、雷电的种类与危害、防雷常识</td><td>引导法
讲述法
实际操作观看法
任务教学法
讨论法</td></tr>
<tr><td>教学材料</td><td>使用工具</td><td>学生知识与能力准备</td><td>教师知识与能力要求</td><td>考核与评价</td><td>备注</td></tr>
<tr><td>1. 实训报告表格
2. 投影仪</td><td>投影仪</td><td>1. 预习教材
2. 对各种触电的认识
3. 安全知识</td><td>1. 丰富的理论知识
2. 语言表达能力</td><td>1. 基本知识技能水平的评价
2. 任务完成情况</td><td>具备安全操作意识</td></tr>
<tr><td>教学组织步骤</td><td colspan="3">主要内容</td><td>教学方法建议</td><td>学时分配</td></tr>
<tr><td>资讯</td><td colspan="3">1. 学习安全用电常识
2. 制订本任务工作计划
3. 查阅相关资料</td><td>任务教学法
小组讨论法
检索法</td><td>2</td></tr>
<tr><td>计划</td><td colspan="3">1. 讲解安全用电的基本知识
2. 学生根据工作计划学习相关内容</td><td>小组讨论法
实际操作法</td><td>1</td></tr>
<tr><td>决策</td><td colspan="3">1. 分析不同触电方式的特点
2. 完成实训任务报告
3. 完成报告</td><td>任务教学法
小组讨论法
讲授法</td><td>1</td></tr>
<tr><td>实施</td><td colspan="3">1. 学生能否根据实际情况选用预防措施
2. 完成学生自评表
3. 完成报告</td><td>小组讨论法</td><td>1</td></tr>
<tr><td>检查</td><td colspan="3">1. 根据实训报告，教师对学生自评结果进行评价
2. 学生在教师基础上进一步完善</td><td>课外检查
实训报告抽查</td><td>1</td></tr>
<tr><td>评价</td><td colspan="3">1. 学生理论知识掌握的评价
2. 动手操作能力的评价</td><td>讲述法</td><td>1</td></tr>
</table>

表 0-6　学习情境 S1-2 设计

<table>
<tr><td colspan="5">学习情境 S1-2：导线的连接</td><td>学时：6</td></tr>
<tr><td colspan="3">学习目标</td><td colspan="2">主要内容</td><td>教学方法</td></tr>
<tr><td colspan="3">1. 掌握线头绝缘层的剖削
2. 掌握导线线头的连接</td><td colspan="2">1. 单股芯线绞接和缠绕的方法
2. 单股铜芯线的 T 形连接及 7 股铜芯线的直线连接
3. 线圈内部的连接及线圈外的连接
4. 线头与针孔接线桩的连接</td><td>引导法
讲述法
实际操作观看法
任务教学法
讨论法</td></tr>
<tr><td>教学材料</td><td>使用工具</td><td>学生知识
与能力准备</td><td>教师知识
与能力要求</td><td>考核与评价</td><td>备注</td></tr>
<tr><td>1. 实训报告表格
2. 投影仪</td><td>万用表
电烙铁
烙铁架
十字螺丝刀
导线若干
其他常用电子工具</td><td>1. 预习教材
2. 对各种导线连接的认识</td><td>1. 丰富的理论知识
2. 实际操作能力</td><td>1. 基本知识技能水平的评价
2. 任务完成情况</td><td>具备安全操作意识</td></tr>
<tr><td>教学组织步骤</td><td colspan="3">主要内容</td><td>教学方法建议</td><td>学时分配</td></tr>
<tr><td>资讯</td><td colspan="3">1. 学习导线连接的知识
2. 制订本任务工作计划
3. 查阅相关资料</td><td>任务教学法
小组讨论法
检索法</td><td>1</td></tr>
<tr><td>计划</td><td colspan="3">1. 讲解导线不同连接方法的基本知识
2. 学生根据工作计划学习相关内容</td><td>小组讨论法
实际操作法</td><td>1</td></tr>
<tr><td>决策</td><td colspan="3">1. 分析不同导线连接的特点
2. 完成实训任务报告
3. 完成报告</td><td>任务教学法
小组讨论法
讲授法</td><td>1</td></tr>
<tr><td>实施</td><td colspan="3">1. 学生能否根据实际情况选取不同的导线连接方法
2. 完成学生自评表
3. 完成报告</td><td>小组讨论法</td><td>1</td></tr>
<tr><td>检查</td><td colspan="3">1. 根据实训报告，教师对学生自评结果进行评价
2. 学生在教师基础上进一步完善</td><td>课外检查
实训报告抽查</td><td>1</td></tr>
<tr><td>评价</td><td colspan="3">1. 学生理论知识掌握的评价
2. 动手操作能力的评价</td><td>讲述法</td><td>1</td></tr>
</table>

表 0－7 学习情境 S1－3 设计

<table>
<tr><td colspan="5">学习情境 S1－3：焊接基本知识</td><td>学时：8</td></tr>
<tr><td colspan="3">学习目标</td><td colspan="2">主要内容</td><td>教学方法</td></tr>
<tr><td colspan="3">1. 掌握焊接的基本知识
2. 了解焊料与焊剂
3. 无铅制程相关知识
4. 掌握焊接技术
5. 了解安全知识</td><td colspan="2">1. 焊接分类及特点，焊接工作原理
2. 焊料的分类及选择；焊剂的分类及选择；无铅制程相关知识
3. THT（手摆）工艺、SMT（表面贴装）工艺、常用设备及工艺流程
4. 人员及设备安全知识</td><td>引导法
讲述法
实际操作观看法
任务教学法
讨论法</td></tr>
<tr><td>教学材料</td><td>使用工具</td><td>学生知识与能力准备</td><td>教师知识与能力要求</td><td>考核与评价</td><td>备注</td></tr>
<tr><td>1. 实训报告表格
2. 投影仪</td><td>万用表
电烙铁
烙铁架
十字螺丝刀
静电环
其他常用电子工具</td><td>1. 预习教材
2. 对各种焊料的认识
3. 对 THT（手摆）工艺、SMT（表面贴装）工艺、常用设备及工艺流程有一定的了解
4. 安全知识</td><td>1. 丰富的理论知识
2. 实际操作能力</td><td>1. 基本知识技能水平的评价
2. 任务完成情况</td><td>具备安全操作意识</td></tr>
<tr><td>教学组织步骤</td><td colspan="3">主要内容</td><td>教学方法建议</td><td>学时分配</td></tr>
<tr><td>资讯</td><td colspan="3">1. 学习焊接及电子技能知识
2. 制订本任务工作计划
3. 查阅相关资料</td><td>任务教学法
小组讨论法
检索法</td><td>2</td></tr>
<tr><td>计划</td><td colspan="3">1. 讲解焊接相关的基本知识
2. 学生根据工作计划学习相关内容</td><td>小组讨论法
实际操作法</td><td>1</td></tr>
<tr><td>决策</td><td colspan="3">1. 分析不同焊接工艺的特点
2. 完成实训任务报告
3. 完成报告</td><td>任务教学法
小组讨论法
讲授法</td><td>1</td></tr>
<tr><td>实施</td><td colspan="3">1. 学生能否根据实际情况选取不同的焊接工艺
2. 完成学生自评表
3. 完成报告</td><td>小组讨论法</td><td>2</td></tr>
<tr><td>检查</td><td colspan="3">1. 根据实训报告，教师对学生自评结果进行评价
2. 学生在教师指导基础上进一步完善</td><td>课外检查
实训报告抽查</td><td>1</td></tr>
<tr><td>评价</td><td colspan="3">1. 学生理论知识掌握的评价
2. 动手操作能力的评价</td><td>讲述法</td><td>1</td></tr>
</table>

表 0-8 学习情境 S1-4 设计

<table>
<tr><td colspan="5">学习情境 S1-4：常用焊接工具的使用</td><td>学时：8</td></tr>
<tr><td colspan="3">学习目标</td><td colspan="2">主要内容</td><td>教学方法</td></tr>
<tr><td colspan="3">1. 会正确选择及使用烙铁
2. 会正确选择及使用吸锡枪
3. 会正确选择及使用热风枪
4. 会正确选择及使用通针</td><td colspan="2">1. 烙铁的作用、组成及选择方法、工作原理、使用方法及注意事项
2. 吸锡枪的组成分类及使用方法
3. 热风枪的组成分类及拆焊不同类型元器件使用方法
4. 通针的选择及使用方法</td><td>引导法
讲述法
实际操作观看法
任务教学法
讨论法</td></tr>
<tr><td>教学材料</td><td>使用工具</td><td>学生知识与能力准备</td><td>教师知识与能力要求</td><td>考核与评价</td><td>备注</td></tr>
<tr><td>1. 实训报告表格
2. 投影仪</td><td>电烙铁
烙铁架
静电环
吸锡枪
热风枪
通针
镊子
其他常用电子工具</td><td>1. 了解烙铁的分类、检测方法及掌握正确使用方法及注意事项
2. 了解吸锡枪的组成分类及掌握正确的使用方法
3. 了解热风枪的组成分类及掌握正确拆焊不同类型元器件的使用方法
4. 掌握通针的选择及使用方法</td><td>1. 丰富的理论知识
2. 实际操作能力</td><td>1. 基本知识技能水平的评价
2. 任务完成情况</td><td>具备安全操作意识</td></tr>
<tr><td>教学组织步骤</td><td colspan="3">主要内容</td><td>教学方法建议</td><td>学时分配</td></tr>
<tr><td>资讯</td><td colspan="3">1. 描述要完成的工作任务
2. 组织学生分组
3. 回答学生提问</td><td>讲述法
任务教学法
小组讨论法</td><td>2</td></tr>
<tr><td>计划</td><td colspan="3">1. 制订本任务工作计划
2. 查阅相关资料</td><td>任务教学法
小组讨论法
搜索法</td><td>1</td></tr>
<tr><td>决策</td><td colspan="3">1. 确定使用不同焊接工具的顺序
2. 学生根据工作计划学习相关内容</td><td>小组讨论法
实际操作法</td><td>1</td></tr>
<tr><td>实施</td><td colspan="3">1. 根据发放的实训器材焊接
2. 按要求检查焊点
3. 完成实训任务报告</td><td>实际操作法
小组讨论法
讲授法</td><td>2</td></tr>
<tr><td>检查</td><td colspan="3">1. 学生元器件组装是否正确
2. 焊点是否合格
3. 完成学生自评表</td><td>小组讨论法</td><td>1</td></tr>
<tr><td>评价</td><td colspan="3">1. 学生理论知识掌握的评价
2. 动手操作能力的评价</td><td>讲述法</td><td>1</td></tr>
</table>

表 0－9 学习情境 S1－5 设计

<table>
<tr><td colspan="5">学习情境 S1－5：万用表使用及元器件的识别检测</td><td>学时：8</td></tr>
<tr><td colspan="3">学习目标</td><td colspan="2">主要内容</td><td>教学方法</td></tr>
<tr><td colspan="3">1. 万用表(数字式和机械式)的正确使用，读取数据和误差分析
2. 常用基本元器件的识别和检测</td><td colspan="2">1. 能根据被测元器件正确选择相应的量程，读取测量数据
2. 电容、电阻、二极管、三极管、集成电路等元器件的识别</td><td>引导法
讲述法
实际操作观看法
任务教学法
讨论法</td></tr>
<tr><td>教学材料</td><td>使用工具</td><td>学生知识与能力准备</td><td>教师知识与能力要求</td><td>考核与评价</td><td>备注</td></tr>
<tr><td>1. 实训报告表格
2. 投影仪</td><td>机械万用表、数字万用表、电阻元器件、三极管、集成电路等</td><td>1. 正确使用仪表(万用表)
2. 准确识别各类元器件
3. 准确检测各类元器件</td><td>1. 丰富的理论知识
2. 实际操作能力</td><td>1. 基本知识技能水平的评价
2. 任务完成情况</td><td>具备安全操作意识</td></tr>
<tr><td>教学组织步骤</td><td colspan="3">主要内容</td><td>教学方法建议</td><td>学时分配</td></tr>
<tr><td>资讯</td><td colspan="3">1. 描述要完成的工作任务
2. 组织学生分组
3. 回答学生提问</td><td>讲述法
任务教学法
小组讨论法</td><td>2</td></tr>
<tr><td>计划</td><td colspan="3">1. 学习电工、电子元器件的相关知识
2. 学习各元器件的识别和好坏的检测
3. 制订本任务工作计划
4. 查阅相关资料</td><td>任务教学法
小组讨论法
检索法</td><td>1</td></tr>
<tr><td>决策</td><td colspan="3">1. 确定实训步骤
2. 学生根据工作计划学习相关内容</td><td>小组讨论法
实际操作法</td><td>1</td></tr>
<tr><td>实施</td><td colspan="3">1. 根据给定的各类常用元器件进行识别
2. 通过仪表判断各类常用元件器的好坏
3. 完成实训任务报告</td><td>实际操作法
小组讨论法
讲授法</td><td>2</td></tr>
<tr><td>检查</td><td colspan="3">1. 学生各类常用元器件识别是否正确
2. 各类常用元器件好坏判断是否正确
3. 完成学生自评表
4. 完成报告</td><td>小组讨论法</td><td>1</td></tr>
<tr><td>评价</td><td colspan="3">1. 学生理论知识掌握的评价
2. 动手操作能力的评价</td><td>讲述法</td><td>1</td></tr>
</table>

表 0-10 学习情境 S1-6 设计

<table>
<tr><td colspan="5">学习情境 S1-6：常用电子元器件拆卸、焊接实训</td><td>学时：16</td></tr>
<tr><td colspan="3">学习目标</td><td colspan="2">主要内容</td><td>教学方法</td></tr>
<tr><td colspan="3">1. 会对常用元器件进行拆焊
2. 会处理焊接前的清洁和搪锡等准备工作
3. 会对各种常用元器件(电阻、电容、电感、三极管)进行高质量焊接
4. 会对导线与接线端子进行焊接(绕焊、钩焊、搭焊)
5. 能判断常见的不良焊接</td><td colspan="2">1. 常用元器件的拆焊
2. 元器件位置正确的整形与安装
3. 焊点符合美观整洁的工艺要求
4. 检查思路清晰，方法运用得当，检查结果要正确</td><td>引导法
讲述法
实际操作观看法
任务教学法
讨论法</td></tr>
<tr><td>教学材料</td><td>使用工具</td><td>学生知识与能力准备</td><td>教师知识与能力要求</td><td>考核与评价</td><td>备注</td></tr>
<tr><td>1. 实训报告表格
2. 投影仪</td><td>万用表
电烙铁
烙铁架
镊子
小一字螺丝刀
静电环等</td><td>1. 正确焊接
2. 准确判断元器件
3. 正确使用各种工具及仪器仪表
4. 安装工艺</td><td>1. 丰富的理论知识
2. 实际操作能力</td><td>1. 基本知识技能水平的评价
2. 任务完成情况</td><td>具备安全操作意识</td></tr>
<tr><td>教学组织步骤</td><td colspan="3">主要内容</td><td>教学方法建议</td><td>学时分配</td></tr>
<tr><td>资讯</td><td colspan="3">1. 描述要完成的工作任务
2. 组织学生分组
3. 回答学生提问</td><td>讲述法
任务教学法
小组讨论法</td><td>4</td></tr>
<tr><td>计划</td><td colspan="3">1. 学习相关焊接的知识
2. 学习各元器件好坏的判别
3. 制订本任务工作计划
4. 查阅相关资料</td><td>任务教学法
小组讨论法
检索法</td><td>2</td></tr>
<tr><td>决策</td><td colspan="3">1. 确定安装步骤
2. 学生根据工作计划学习相关内容</td><td>小组讨论法
实际操作法</td><td>2</td></tr>
<tr><td>实施</td><td colspan="3">1. 根据给定的元器件安装、焊接
2. 判断元器件的好坏
3. 完成实训任务报告</td><td>实际操作法
小组讨论法
讲授法</td><td>4</td></tr>
<tr><td>检查</td><td colspan="3">1. 焊点是否符合要求
2. 完成学生自评表
3. 完成报告</td><td>小组讨论法</td><td>2</td></tr>
<tr><td>评价</td><td colspan="3">1. 学生理论知识掌握的评价
2. 动手操作能力的评价</td><td>讲述法</td><td>2</td></tr>
</table>

项目1

安全用电常识

1.1 项目任务

安全用电的项目内容见表1-1。

表1-1 安全用电的项目内容

项目内容	1. 有关人体触电的知识 2. 安全电压 3. 触电原因及预防措施 4. 触电急救 5. 防雷常识
重难点	1. 触电原因及预防措施 2. 触电急救 3. 防雷常识 4. 触电种类的划分
操作原则与安全注意事项	一般原则：学员必须在指导老师的指导下才能对相关器件进行拆装，以保证人员和设备安全

项目导读

随着科学技术的发展，无论是工农业生产、还是人民生活，对电能的应用越来越广泛。从事电类工作的人员必须懂得安全用电常识，树立安全责任重于泰山的观念，避免发生触电事故，以保护人身和设备的安全。

通过项目的学习，使读者了解有关人体触电的知识，懂得引起触电的原因及常用预防措施，会进行触电后的及时抢救，并了解日常用电和生活中的一些防雷常识。

项目任务书

避雷装置的安装任务书见表1-2。

表 1-2　避雷装置的安装

<table>
<tr><td colspan="2" rowspan="3">××学院</td><td colspan="2" rowspan="3">避雷装置的安装任务书</td><td>文件编号</td><td></td></tr>
<tr><td>版　　次</td><td></td></tr>
<tr><td colspan="2">共 1 页/第 1 页</td></tr>
<tr><td colspan="2">工序号：1</td><td colspan="2">工序名称：避雷装置的安装</td><td colspan="2">作业内容</td></tr>
<tr><td colspan="4" rowspan="6">接闪器
杆身
接地引线
接地体</td><td>1</td><td>用数字万用表检测接地引线、接闪器的好坏</td></tr>
<tr><td>2</td><td>检测接地体是否安装好</td></tr>
<tr><td colspan="2">使用工具</td></tr>
<tr><td colspan="2">数字万用表、接闪器、杆身、接地引线等</td></tr>
<tr><td colspan="2">※工艺要求(注意事项)</td></tr>
<tr><td>1</td><td>使用万用表前要检测万用表的好坏</td></tr>
<tr><td>更改标记</td><td></td><td>编　制</td><td></td><td>批　　准</td><td></td></tr>
<tr><td>更改人签名</td><td></td><td>审　核</td><td></td><td>生产日期</td><td></td></tr>
</table>

1.2　项目知识

1. 人体触电类型

1）电击

电击是指电流通过人体时所造成的内伤。它可使肌肉抽搐、内部组织损伤，造成发热、发麻、神经麻痹等。严重时将引起昏迷、窒息、甚至心脏停止跳动、血液循环中止而死亡。通常说的触电，多是指电击。触电死亡中绝大部分系电击造成。

2）电伤

电伤是在电流的热效应、化学效应、机械效应以及电流本身作用下造成的人体外伤。常见的有灼伤、烙伤和皮肤金属化等现象。灼伤由电流的热效应引起，主要是指电弧灼伤，造成皮肤红肿、烧焦或皮下组织损伤；烙伤也是由电流热效应引起的，是指皮肤被电气发热部分烫伤或由于人体与带电体紧密接触而留下肿块、硬块，使皮肤变色等；皮肤金属化则是指由电流热效应和化学效应导致熔化的金属微粒渗入皮肤表层，使受伤部位皮肤带金属颜色且留下硬块。

2. 人体触电方式

1）单相触电

单相触电是一种常见的触电方式。人体的一部分接触带电体的同时，另一部分又与大地或零线(中性线)相接，电流从带电体流经人体到大地(或零线)形成回路，这种触电叫单相触电，如图1.1所示。在接触电气线路(或设备)时，若不采用防护措施，一旦电气线路或设备绝缘损坏漏电，将引起间接的单相触电。若在地上误触带电体的裸露金属部分，将造成直接的单相触电。

图1.1　单相触电

2）两相触电

人体的不同部位同时接触两相电源带电体而引起的触电叫两相触电，如图1.2所示。对于这种情况，无论电网中性点是否接地，人体所承受的线电压将比单相触电时高，危险性更大。

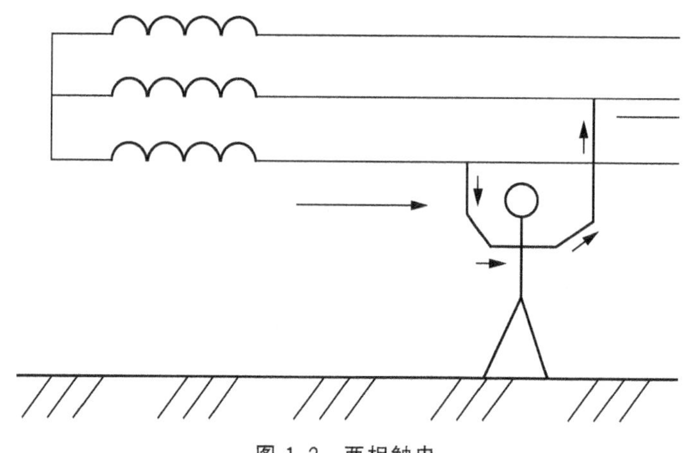

图 1.2　两相触电

3）跨步电压触电

雷电流入地时或载流电力线(特别是高压线)断落到地时，会在导线接地点及周围形成强电场。其电位分布以接地点为圆心向周围扩散，逐步降低而在不同位置形成电位差(电压)，人、畜跨进这个区域，两脚之间将存在电压，该电压称为跨步电压。在这种电压作用下，电流从接触高电位的脚流进，从接触低电位的脚流出，这就是跨步电压触电，如图 1.3 所示。

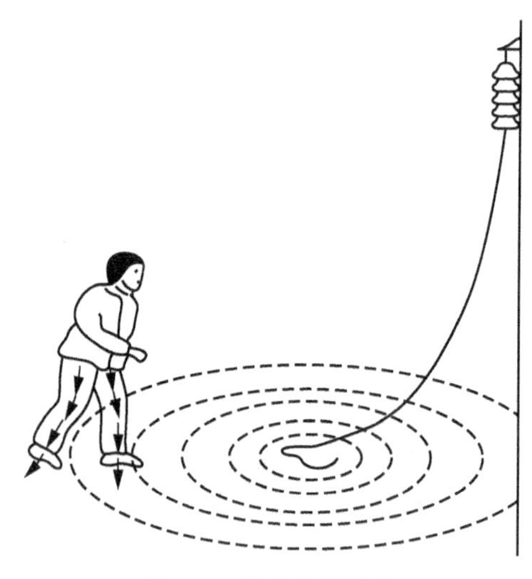

图 1.3　跨步电压触电

4）悬浮电路上的触电

220V 工频电流通过变压器相互隔离的原、副绕组后，从副边输出的电压零线不接地，变压器绕组间不漏电时，即相对于大地处于悬浮状态。若人站在地上接触其中一根带电导线，不会构成电流回路，没有触电感觉。例如电子管收音机、电子管扩音机，部分彩色电视机，它们的金属底板是悬浮电路的公共接地点，即用人体将电路连通造成触电，这就是悬浮电路触电。在检修这类机器时，一般要求单手操作，特别是电位比较高时更应如此。

3. 电流伤害人体的因素

人体对电流的反应非常敏感，触电时电流对人体的伤害程度与以下几个因素有关。

1）电流的大小

触电时，流过人体的电流强度是造成损伤的直接因素。人们通过大量实验，证明通过人体的电流越大，对人体的损伤越严重。

2）电压的高低

人体接触的电压超高，流过人体的电流越大，对人体的伤害越严重。但在触电事例的分析统计中，70%以上的死亡是在对地电压为250V的低压下触电的。如以触电者人体电阻为1kΩ计，在220V电压作用下，通过人体的电流是220mA，能迅速使人致死，对地250V以上的高压，危险性更大，但由于人们接触少，且对它警惕性较高，所以触电死亡事例约在30%以下。

3）频率的高低

实践证明，40～60Hz的交流电对人最危险，随着频率的增高，触电危险程度将下降。高频电流不仅不会伤害人体，还能用于治疗疾病。表1-3表明了这种关系。

表1-3　不同频率的电流对人体的伤害

电流频率/Hz	对人体的伤害
50～100	有45%的死亡率
125	有25%的死亡率
200以上	基本上消除了触电危险

4）时间的长短

技术上常用触电电流与触电持续时间的乘积(叫电击能量)来衡量电流对人体的伤害程度。触电电流越大，触电时间越长，则电击能量越大，对人体的伤害越严重。若电击能量超过150mA/s时，触电者就有生命危险。

5）电流通过的路径

电流通过头部可使人昏迷；通过脊髓可能导致肢体瘫痪；通过心脏可造成心跳停止、血液循环中断；通过呼吸系统会造成窒息。可见，电流通过心脏，最容易导致死亡。表1-4表明了电流的不同路径对人体的伤害，通过心脏的电流占通过人体总电流的百分比。

表1-4　电流的不同路径对人体的伤害

电流通过人体的路径	通过心脏电流占通过人体总电流的百分数(%)
从一只手到另一只手	3.3
从右手到右脚	3.7
从右手到左脚	6.7
从一只脚到另一只脚	0.4

从表中可以看出，电流从右手到左脚危险性最大。

人的性别、健康状况、精神状态等与触电伤害程度有着密切关系。女性比男性触电伤害程度约严重30%，小孩与成人相比，触电伤害程度也要严重得多。体弱病者比健康人容易受电流伤害。另外，人的精神状况，对接触电器有无思想准备，对电流反应的灵敏程度，醉酒、过度疲劳等都可能增加触电事故的发生次数并加重受电流伤害的程度。

6）人体电阻的大小

人体电阻越大，受电流伤害越轻。通常人体电阻为1～2kΩ。这个数值主要由皮肤表面的电阻值决定。如果皮肤表面角质层损伤、皮肤潮湿、流汗、带导电粉尘等，将会大幅度降低人体电阻，增加触电伤害程度。

4. 安全电压

人体触电时，人体所承受的电压越低，通过人体的电流就越小，触电伤害就越轻。当电压低到某一定值以后，对人体就不会造成伤害。在不带任何防护设备的条件下，当人体接触带电体时对各部分组织(如皮肤、神经、心脏、呼吸器官等)均不会造成伤害的电压值，叫安全电压。它通常等于通过人体的允许电流与人体电阻的乘积，在不同场合，安全电压的规定是不相同的。

5. 人体电阻

人体电阻包括体内电阻、皮肤电阻和皮肤电容。因皮肤电容很小，可忽略不计，体内电阻基本上不受外界影响，差不多是定值，约0.5kΩ，皮肤电阻占人体电阻的绝大部分。但皮肤电阻随着外界条件的不同可在很大范围内变化。皮肤表面0.05～0.2mm的角质层电阻高达10～100kΩ，但这层角质层容易遭到破坏，在计算安全电压时不宜考虑在内，除去角质层，人体电阻一般不低于1kΩ，通常应考虑在1～2kΩ范围内。

影响人体电阻的因素很多，除皮肤厚薄外，皮肤潮湿、多汗、有损伤、带有导电粉尘，对带电体接触面大、接触压力大等都将减小人体电阻，加大触电电流，增加触电危险。

6. 人体允许电流

人体允许电流是指发生触电后触电者能自行摆脱电源，解除触电危害的最大电流。在通常情况下，通过人体的允许电流，男性为9mA，女性为6mA。在设备和线路装有触电保护设施的条件下，通过人体允许电流可达30mA。但在容器中，在高空、水面上等可能因电击造成二次事故(再次触电、摔死、溺水)的场所，人体允许电流应按不引起强烈痉挛的5mA考虑。

7. 安全电压值

我国有关标准规定，12V、24V和36V三个电压等级为安全电压级别，不同场所选用的安全电压等级不同。

在温度大、狭窄、行动不便、周围有大面积接地导体的场所(如金属容器中、矿井内、隧道内等)使用的手提照明灯，应采用12V安全电压。

凡手提照明器具，在危险环境、特别危险环境的局部照明灯，高度不高于2.5m的一般照明灯，携带式电动工具等，若无特殊的安全防护装置或安全措施，均应采用24V或36V安全电压。

安全电压的规定是从总体上考虑的，对于某些特殊情况或某些人也不一定绝对安全。是否安全与人的现时状况(主要是人体电阻)、触电时间长短、工作环境、人与带电体的接触面积和接触压力等都有关系。即使在规定的安全电压下工作，也不可粗心大意。

8. 触电原因及预防措施

触电包括直接触电和间接触电两种。直接触电是指人体直接接触或过分接近带电体而触电；间接触电指人体触及正常时不带电而发生故障时才带电的金属导体。下面分析触电的原因，并提出预防直接触电和间接触电的几种措施。

1) 触电的常见原因

触电的场合不同，引起触电的原因也不同，下面根据在工农生产、日常生活中所发生的不同触电事例，将常见触电原因归纳如下。

(1) 线路架设不合格。室内、外线路对地距离、导线之间的距离小于允许值；通信线、广播线与电力线间隔距离过近或同杆架设；线路绝缘破损；有的地区为节省电线而采用一线一地制送电等。

(2) 电气操作制度不严格、不健全。带电操作时不采取可靠的保护措施；不熟悉电路和电器而盲目修理；救护已触电的人时自身不采取安全保护措施；停电检修时未挂警告牌；检修电路和电器时使用不合格的保安工具；人体与带电体过分接近又无绝缘措施或屏护措施；在架空线上操作时不在相线上加临时接地线(零线)；无可靠的防高空跌落措施等。

(3) 用电设备不合要求。电器设备内部绝缘损坏，金属外壳又未加保护接地措施或保护接地线太短、接地电阻太大；开关、闸刀、灯具、携带式电器绝缘外壳破损，失去防护作用；开关、熔断器误装在中性线上，一旦断开，就使整个线路带电。

(4) 用电不谨慎。违反布线规程，在室内乱拉电线；随意加大熔断器熔丝规格；在电线上或电线附近晾晒衣物；在电杆上拴牲口；在电线(特别是高压线)附近打鸟、放风筝；未断电源移动家用电器；打扫卫生时，用水冲洗或用湿布擦拭带电电器或线路等。

2)预防触电的措施

(1) 预防直接触电的措施。

① 绝缘措施。用绝缘材料将带电体封闭起来的措施叫绝缘措施。良好的绝缘是保证电气设备和线路正常运行的必要条件，是防止触电事故的重要措施。

绝缘材料的选用必须与该电气设备的工作电压、工作环境和运行条件相适应，否则容易击穿。常用的电工绝缘材料，如瓷、玻璃、云母、橡胶、木材、布、纸、矿物油等，其电阻率多在$10^7\Omega\cdot m$以上。但应注意，这些绝缘材料如果受潮，会降低甚至丧失绝缘性能。

绝缘材料的绝缘性能往往用绝缘电阻表示。不同的设备或电路对绝缘电阻的要求不同。新装或大修后的低压设备和线路的绝缘电阻不应低于0.5MΩ，运行中的线路和设备的绝缘电阻为每伏1kΩ；潮湿工作环境下，则要求每伏工作电压0.5kΩ；携带式电气设备的绝缘电阻不应低于2MΩ；配电盘二次线路的绝缘电阻不应低于每伏1kΩ，在潮湿环境下不低于每伏0.5kΩ；高压线路和设备的绝缘电阻不低于每伏1000MΩ。

② 屏护措施。采用屏护装置将带电体与外界隔绝开来，以杜绝不安全因素的措施叫屏护措施。常用的屏护装置有遮栏、护罩、护盖、栅栏等，如常用电器的绝缘外壳、金属网罩、金属外壳、变压器的遮栏、栅栏等都属于屏护装置。凡是金属材料制作的屏护装置，应妥善接地或接零线。

屏护装置不直接与带电体接触，对所用材料的电气性能没有严格要求，但必须有足够的机械强度和良好的耐热、耐火性能。

③ 间距措施。为防止人体触及或过分接近带电体；为避免车辆或其他设备碰撞或过分接近带电体；为防止火灾、过电压放电及短路事故；为了操作的方便，在带电体与地面之间、带电体与带电体之间、带电体与其他设备之间，均应保持一定的安全间距，叫做间距措施。安全间距的大小取决于电压的高低、设备的类型、安装的方式等因素，常见电气设备、线路、工程等电气设施的安全间距见表1-5～表1-7。

表1-5　导线与地面或水面的最小距离(m)

线路经过地区	线路电压/kV		
	1.0以下	10.0	35.0
居民区	6.0	6.5	7.0
非居民区	5.0	5.5	6.0
交通困难地区	4.0	4.5	5.0
不能通航或浮运的河、湖冬季水面(或冰面)	5.0	5.0	5.5
不能通航或浮运的河、湖最高水面(50年一遇的洪水水面)	3.0	3.0	3.0

表1-6　导线与建筑物的最小距离(m)

线路电压/kV	1.0以下	10.0	35.0
垂直距离	2.5	3.0	4.0
水平距离	1.0	1.5	3.0

表1-7　导线与树木间的最小距离(m)

线路电压/kV	1.0以下	10.0	35.0
垂直距离	1.0	1.5	3.0
水平距离	1.0	2.0	—

(2) 预防间接触电的措施。

① 加强绝缘措施。对电气线路或设备采取双重绝缘，加强绝缘或对组合电气设备采用共同绝缘为加强绝缘措施。采用加强绝缘措施的线路或设备绝缘牢固，难于损坏，即使工作绝缘损坏后，还有一层加强绝缘，不易发生带电的金属导体裸露而造成间接触电。

② 电气隔离措施。采用隔离变压器或具有同等隔离作用的发电机，使电气线路和设备的带电部分处于悬浮状态叫电气隔离措施。即使该线路或设备工作绝缘损坏，人站在地面上与之接触也不易触电。

应注意的是：被隔离回路的电压不得超过500V，其带电部分不得与其他电气回路或大地相连，方能保证其隔离要求。

③ 自动断电措施。在带电线路或设备上发生触电事故或其他事故(短路、过载、欠压等)时，在规定时间内能自动切断电源而起保护作用的措施叫自动断电措施，如漏电保护、过流保护、过压或欠压保护、短路保护、接零保护等均属自动断电措施。

9. 触电急救

在电气操作和日常用电中，如果采取了有效的预防措施，会大幅度减少触电事故，但要绝对避免是不可能的。所以，在电气操作和日常用电中必须做好触电急救的思想和技术准备。

1)触电的现场抢救措施

(1) 使触电者尽快脱离电源。

发现有人触电，最关键、最首要的措施是让触电者尽快脱离电源。由于触电现场的情况不同，使触电者脱离电源的方法也不一样。在触电现场常采用以下几种急救方法。

① 迅速关断电源，把人从触电处移开，如图 1.4 所示。如果触电现场远离开关或不具备关断电源的条件，只要触电者穿的是比较宽松的干燥衣服，救护者可站在干燥木板上，用一只手抓住衣服将其拉离电源，但切不可触及带电人的皮肤。如这种条件尚不具备，还可用干燥木棒、竹竿等将电线从触电者身上挑开。

图 1.4　触电的现场抢救措施

② 如果触电发生在相线与大地之间，一时又不能把触电者拉离电源，可用干燥绳索将触电者身体拉离地面，或在地面与人体之间塞入一块干燥木板，这样可以暂时切断带电导体通过人体流入大地的电流。然后再设法关断电源，使触电者脱离带电体。在用绳索将触电者拉离地面时，注意不要发生跌伤事故。

③ 救护者手边如有现成的刀、斧、锄等带绝缘柄的工具或硬棒时，可以从电源的来电方向将电线砍断或撬断，但要注意切断电线时人体切不可接触电线裸露部分和触电者。

④ 如果救护者手边有绝缘导线，可先将一端良好接地，另一端接在触电者所接触的带电体上，造成该相电源对地短路，迫使电路跳闸或熔断保险丝，达到切断电源的目的。在搭接带电体时，要注意救护者自身的安全。

⑤ 在电杆上触电，地面上一时无法施救时，仍可先将绝缘软导线一端良好接地，另一端抛掷到触电者接触的架空线上，使该相对地短路，跳闸断电。在操作时注意两点：一是不能将接地软线抛在触电者身上，这会使通过人体的电流更大；二是注意不要让触电者从高空跌落。

注意，以上救护触电者脱离电源的方法，不适用于高压触电情况。

(2) 脱离电源后的判断。

触电者脱离电源后，应根据其受电流伤害的不同程度，采用不同的施救方法。

① 判断呼吸是否停止。将触电者移至干燥、宽敞、通风的地方。将衣、裤放松，使其仰卧，观察胸部或腹部有无因呼吸而产生的起伏动作。若不明显，可用手或小纸条靠近触电者鼻孔，观察有无气流流动，用手放在触电者胸部，感觉有呼吸动作，若没有，说明呼吸已经停止。

② 判断脉搏是否搏动。用手检查颈部的颈动脉或腹股沟处的股动脉，看有无搏动。如有，说明心脏还在工作。因颈动脉或股动脉都是人体大动脉，位置表浅，搏动幅度较大，容易感知，所以经常用来作为判断心脏是否跳动的依据。另外，也可用耳朵贴在触电者心区附近，倾听有无心脏跳动的心音，如有，则心脏还在工作。

③ 判断瞳孔是否放大。瞳孔是受大脑控制的一个自动调节大小的光圈。如果大脑机能正常，瞳孔可随外界光线的强弱自动调节大小。处于死亡边缘或已经死亡的人，由于大脑细胞严重缺氧，大脑中枢失去对瞳孔的调节功能，瞳孔就会自行放大，对外界光线强弱不再作出反应，如图 1.5 所示。

瞳孔正常

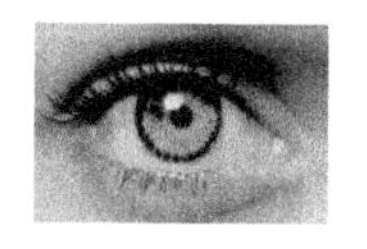

瞳孔放大

图 1.5 瞳孔的比较

根据上述简单判断的结果，对受伤害程度不同、症状表现不同的触电者，可用下面的方法进行不同的救治。

(3) 对不同情况的救治。

① 触电者神智清醒，只是感觉头昏、乏力、心悸、出冷汗、恶心、呕吐时，应让其静卧休息，以减轻心脏负担。

② 触电者神智断续清醒，出现一度昏迷时，一方面请医生救治，一方面让其静卧休息，随时观察其伤情变化，做好万一恶化的施救准备。

③ 触电者已失去知觉，但呼吸、心跳仍存在时，应在迅速请医生的同时，将其安放在通风、凉爽的地方平卧，给他闻一些氨水，摩擦全身，使之发热。如果出现痉挛，呼吸渐渐衰弱，应立即施行人工呼吸，并准备担架，送医院救治。在去医院途中，如果出现“假死”，应边送边抢救。

④ 触电者呼吸、脉搏均已停止，出现假死现象时，应针对不同情况的假死现象对症处理。如果呼吸停止，用口对口人工呼吸法，迫使触电者维持体内外的气体交换。对心脏停止跳动者，可用胸外心脏压挤法，维持人体内的血液循环。如果呼吸、脉搏均已停止，上述两种方法应同时使用，并尽快向医院告急。下面介绍口对口人工呼吸法和胸外心脏压挤法。

2)口对口人工呼吸法

对呼吸渐弱或已经停止的触电者，人工呼吸法是行之有效的。在几种人工呼吸法中，效果最好的是口对口人工呼吸法，其操作步骤如下。

(1) 将触电者仰卧，松开衣、裤，以免影响呼吸时胸廓及腹部的自由扩张。再将颈部伸直，头部尽量后仰，掰开口腔，清除口中脏物，取下假牙，如果舌头后缩，应拉出舌头，使进出人体的气流畅通无阻，如果触电者牙关紧闭，可用木片、金属片从嘴角处伸入牙缝，慢慢撬开。

(2) 救护者位于触电者头部一侧，将靠近头部的一只手捏住触电者的鼻子(防止吹气时气流从鼻孔漏出)，并将这只手的外缘压住额部，另一只手托其颈部，将颈上抬，这样可使头部自然后仰，解除舌头后缩造成的呼吸阻塞。

(3) 救护者深呼吸后，用嘴紧贴触电者的嘴(中间也可垫一层纱布或薄布)大口吹气，同时观察触电者胸部的隆起程度，一般应以胸部略有起伏为宜。胸腹起伏过大，说明吹气太多，容易吹破肺泡。胸腹无起伏或起伏太小，则吹气不足，应适当加大吹气量。

(4) 吹气至待救护者可换气时，应迅速离开触电者的嘴，同时放开捏紧的鼻孔，让其自动向外呼气，这时应注意观察触电者胸部的复原情况，倾听口鼻处有无呼吸声，从而检查呼吸道是否阻塞。

按照上述步骤反复进行，对成年人每分钟吹气 14～16 次，大约每 5s 一个循环，吹气时间稍短，约 2s；呼气时间要长，约 3s 左右，对儿童吹气，每分钟 18～24 次，这时不必捏紧鼻孔，让一部分空气漏掉。对儿童吹气，一定要掌握好吹气量的大小，不可让其胸腹过分膨胀，防止吹破肺泡。

在做口对口人工呼吸时，需要注意以下几点：第一，掌握好吹气压力，一般是刚开始时压力偏大，频率也稍快一些，待 10～20 次后逐渐减少吹气压力，维持胸腹部的轻度舒张即可；第二，若触电者牙关紧闭，一时无法撬开，可用口对鼻吹气，方法与口对口吹气相似，只是此时应使触电者嘴唇紧闭，防止漏气。口对鼻吹气时，救护者的嘴唇应完全盖紧触电者鼻孔，吹气压力也应稍大，吹气时间稍长，这样有利于外部气体充分进入肺内，以便加速人体内外的气体交换。

3)胸外心脏压挤法

在触电者心脏停止跳动时，可以有节奏地在胸廓外加力，对心脏进行挤压。利用人工方法代替心脏的收缩与扩张，以达到维持血液循环的目的，具体操作过程如图1.6所示。

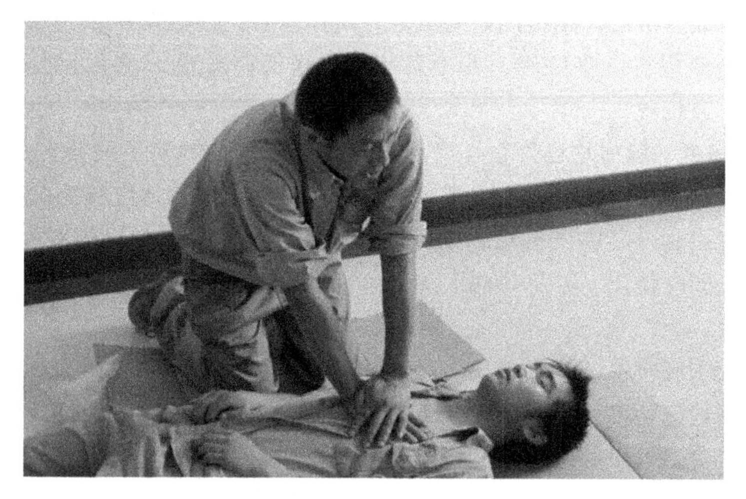

图1.6 胸外心脏压挤法

下面照图介绍其操作步骤与要领。

(1) 将触电者仰卧在硬板或平整的硬地面上，解松衣裤，救护者跪在触电者腰部两侧。

(2) 救护者将一只手的掌根按于触电者胸骨以下横向二分之一处，中指指尖对准颈根凹膛下边缘，另一只手压在那只手的背上呈两手交叠状，肘关节伸直，靠体重和臂与肩部的用力，向触电者脊柱方向慢慢压迫胸骨下段，使胸廓下陷3～4cm，由此使心脏受压，心室的血液被压出，流至触电者全身各部。

(3) 双掌突然放松，依靠胸廓自身的弹性，使胸腔复位，让心脏舒张，血液流回心室。放松时，交叠的两掌不要离开胸部，只是不加力而已。

重复(1)、(2)步骤，每分钟60次左右。

在做胸外心脏压挤时，应注意以下几点：第一，压挤位置和手掌姿式必须正确，下压的区域在胸骨以下横向二分之一处，即两个乳头连线中间稍偏下方，接触胸部只限于手掌根部，手指应向上，与胸、肋骨之间保持一定距离，不可全掌着力。第二，用力要对脊柱方向下压，要有节奏，有一定冲击性，但不能用大的暴发力，否则将靠造成胸部骨骼损伤。第三，挤压时间和放松时间大体一样。第四，对心跳和呼吸都已停止的触电者，如果救护者有两人，可以同时进行口对口人工呼吸和胸外心脏压挤，效果更好，但两人必须配合默契。如果救护者只有一人，也可两种方法交替进行。其作法如下：先用口对口向触电者吹气两次，立即在胸外压挤心脏15次，再吹气两次，再压挤15次，如此反复进行，直到将人救活或医生确诊已无法抢救为止。第五，对小孩，只用一只手的根部加压，并酌情掌握压力的大小，以每分钟100次左右为宜。

无论是施行口对口人工呼吸法还是胸外心脏压挤法，都要不断观察触电者的面部动作，如果发现其眼皮、嘴唇会动，喉部有吞咽动作时，说明他自己有一定呼吸能力，应暂

时停止几秒钟，观察其自动呼吸的情况，如果呼吸不能正常进行或者很微弱，应继续进行人工呼吸和胸外心脏压挤，直到能正常呼吸为止。在触电者呼吸未恢复正常以前，无论什么情况，包括送医院途中，雷雨天气(雷雨时可移至室内)或时间已进行得很长而效果不甚明显等，都不能中止这种抢救。事实上，用人工呼吸法抢救的触电者中，有长达7～10小时才救活的。

10. 防雷常识

雷击是一种自然灾害，它往往威胁着人们的生产和生活安全。人们通过对雷电长期的探索研究，找出了它的活动规律，也研究出了一系列防雷措施。下面将讲述这些知识。

1) 雷电的形成与活动规律

闪电和雷鸣是大气层中强烈的放电现象。在云块的形成过程中，由于摩擦和其他原因，有些云块可能积累正电荷，另一些云块又可能积累负电荷，随着云块间正负电荷的分别积累，云块间的电场越来越强，电压也越来越高。当这个电压高达一定值或带异种电荷的云块接近到一定距离时，将会使其间的空气击穿，发生强烈放电。云块间的空气被击穿电离发出耀眼闪光，形成闪电。空气被击穿时受高热而急剧膨胀，发出爆炸的轰鸣，形成雷声。

人们在长期的生产实践和科学实验中，逐步认识和总结出了雷电活动的规律。在我国，雷电发生的总势是：南方比北方多，山区比平原多，陆地比海洋多，热而潮湿的地方比冷而干燥的地方多，夏季比其他季节多。在同一地区，凡是电场分布不均匀的、导电性能较好容易感应出电荷的以及云层容易接近的部位或区域，也更容易引雷而导致雷击。

具体地说，下列物体或地点容易受到雷击。

(1) 空旷地区的孤立物体、高于20m的建筑物或构筑物，如宝塔、水塔、火烟囱、天线、旗杆、尖形屋顶、输电线路杆等。

(2) 烟囱冒出的热气(含有大量导电质点、游离态分子)、排出导电尘埃的厂房、排废气的管道和地下水出口。

(3) 金属结构的屋面，砖木结构的建筑物或构筑物。

(4) 特别潮湿的建筑物、露天放置的金属物。

(5) 金属的矿床、河岸、山坡与稻田接壤的地区、土壤电阻率小的地区、土壤电阻率变化大的地区。

(6) 山谷风口处，在山顶行走的人畜。

上述这些容易受雷击的地方，在雷雨时应特别注意。

2) 雷电的种类与危害

(1) 雷电的种类如下。

直击雷：雷云离大地较近，附近没有带异种电荷的其他雷云与之中和，这时带有大量电荷的雷云与地面凸出部分将产生静电感应，在地面凸出部分感应出大量异性电荷而形成强电场，当其间的电压高达一定值时，将发生雷云与地面凸出部分之间的放电，这就是直击雷。

感应雷：感应雷分为静电感应雷和电磁感应雷两种。静电感应雷是由于雷云接近地面，先在地面凸出物顶部感应出大量异性电荷；当雷云与其他雷云或物体放电后，地面凸出物顶部的感应电荷失去束缚，以雷电波的形式从凸出部分沿地面极快地向外传播，在一定时间和部位发生强烈放电，形成静电感应雷。电磁感应雷是在发生雷电时，巨大的雷电流在周围空间产生迅速变化的强大磁场，这种变化的强磁场在附近的金属导体上感应出很高的冲击电压，使其在金属回路的断口处发生放电而引起强烈的火光和爆炸。

球形土雷：是一种很轻的火球，能发出极亮的白光或红光，通常以 2m/s 左右的速度从门、窗、烟囱等通道侵入室内，当它触及人畜或其他物体时发生爆炸或燃烧而造成伤害。

雷电侵入波：它是雷击时在架空线或空中金属管道上产生的高压冲击波，沿着线路或管道侵入室内，危及人、畜和设备安全。

（2）雷电的危害。地面附近的雷云，电场强度高达 5～300kV/m，电位高达数十到数十万千伏，放电电流为数十到数百千安，而放电时间只有 0.00015～0.001s。可见雷电的电场特别强，电压特别高，电流特别大，在极短的时间释放出巨大能量，其破坏作用无疑是相当严重的，雷电的危害大致有以下 4 个方面。

① 电磁性质的破坏。发生雷电时，可产生高达数百万伏的高压冲击波，还可在导线或金属物体上感应出几万乃至几十万伏的特高压，这种特高压足以破坏电气设备和导线的绝缘而使其烧毁，或在金属物体的间隙及连接松动处形成火花放电，引起爆炸，或者形成雷电侵入波侵入室内危及人、畜或设备安全。

② 热性质的破坏。强大的雷电电流在极短的作用时间内，转换成强大的热能，促使金属熔化、飞溅、树木烧焦。如果击中易燃品或房屋，还将引起火灾。

③ 机械性质的破坏。当雷电击中树木、电杆等物体时，被击物缝隙中的气体，受高热急剧膨胀，其中的水分又因受热而急剧蒸发，产生大量气体，造成被击物体的破坏和爆炸。

此外，由于电流变化极大，同性电荷之间强大的静电斥力、同方向电流之间的电磁吸力也有很强的破坏作用，雷击时间产生的冲击气浪也将对附近的物体造成破坏。

④ 跨步电压破坏。雷电电流通过接地装置或地面雷击点向周围土壤中扩散时，在土壤电阻的作用下，向周围形成电压降，此时若有人、畜在该区域站立或行走，将受到雷电跨步电压伤害。

3）防雷常识

（1）为了避免避雷针上雷电的高电压通过接地体传到输电线路而引入室内，避雷针接地体与输电线路接地体在地下至少应相距 10m。

（2）为防止感应雷和雷电侵入波沿架空线进入室内，应将进户线最后一根支承物上的绝缘子铁脚可靠接地，在进户线最后一根电杆上的中性线应加重复接地。

（3）雷电时在野外不要穿湿衣服；雨伞不要举得过高，特别是有金属柄的雨伞；若有几个人在一起时，要相距几米远分散避雷，不得手拉手聚在一起。

（4）躲避雷雨应选择有屏蔽作用的建筑或物体，如金属箱体、汽车、电车、混凝土房屋等。不能站在孤立的大树、电杆、烟囱和高墙下，不要乘坐敞篷车或骑自行车，因为这些物体容易受直击雷轰击。

(5) 雷雨时不要停留在易受雷击的地方，如山顶、湖泊、河边、沼泽地、游泳池等；在野外遇到雷雨时，应蹲在低洼处或躲在避雷针保护范围内。

(6) 雷雨时，在室内应关好门窗，以防球形雷飘入。不要站在窗前或阳台上，也不要停留在有烟囱的灶前。应离开电力线、电话线、水管、煤气管、暖气管、天线馈线1.5m以外；不要洗澡、洗头，应离开厨房、浴室等潮湿的场所。

(7) 雷雨时，不要使用家用电器，应将电器的电源插头拔下，以免雷电沿电源侵入电器内部损伤绝缘，击毁电器，甚至使人触电。

(8) 对未装避雷装置的天线，应抛出户外或干脆与地线短接。

(9) 如果有人遭到雷击，切不可惊慌失措，应迅速而冷静地处理；受雷击者即使不省人事，心跳、呼吸都已停止，也不一定是死亡，应不失时机地进行人工呼吸和胸外心脏压挤，并尽快送医院救治。

1.3　项目评价

项目评价见表1-8。

表1-8　项目评价

考核项目	考核要求	配分	评分标准	扣分	得分	备注
准备工作	安全用电的相关知识	10	1. 安全电压范围 2. 触电的现场措施 3. 避雷装置的组成			
接地设备选择检测	1. 根据要求选择避雷装置所需要的设备器材 2. 对所选器材设备的检测	30	1. 正确选择设备器件，避免漏选、错选 2. 正确检测所选器材，若检测出不能使用的器材，应及时更换			
接地装置安装检修	1. 安装的器件布局合理、规范、整齐 2. 故障的检修	50	1. 避雷装置安装的注意事项 2. 安装过程的规范操作 3. 能根据不同的现象排除常见故障			
安全生产	自觉遵守安全文明生产规程	10	1. 有无漏接接地线 2. 有无发生安全事故			
时间	3小时		提前正确完成，每5分钟加2分 超过定额时间，每5分钟扣2分			
开始时间：		结束时间：		实际时间：		

项目2

常用电线的连接

2.1 项目任务

导线连接的项目内容见表2-1。

表2-1 导线连接的项目内容

项目内容	1. 常用电工工具的正确使用 2. 正确选用导线进行连接 3. 了解导线与导线、导线与器件的连接方式
重难点	1. 导线的分类、测量、连接方式 2. 常用工具的检测和使用 3. 导线的剖削与恢复
操作原则与安全注意事项	电缆导线进行压缩连接主要抓住以下3个环节： 1. 正确选择连接工具。连接工具(包括连接管和接线端子)的规格尺寸和材料性能应符合电缆导体截面与压接工艺要求。连接管内径要与电缆导体外径相配合，用于紧压型导体的连接管内径要比非紧压型的稍微小些 2. 压接钳和压接模具要配套。压缩连接的工艺特点是在压接钳的工作压力下，使连接工具和电缆导体的连接部位产生塑料变形，从而在其界面上构成导电通路并具有足够的机械强度。压接钳的额定压力和额定工作力必须与电缆导体材料横截面积相适应，压接模具的宽度要符合截面的要求，压接模具要与连接管外径相配合 3. 采用正确的压接工艺。压接前，应清除连接管和电缆导体接触面的氧化膜、油污及导线间半导电残物。电缆导体经圆整后插入连接部位，插入长度要足够，压接顺序和每道压痕间距要符合工艺要求。压模合拢到位应停留10～15s才能松模。压接后应清除压接部位表面毛刺。点压压坑要填实并覆盖金属屏蔽

项目导读

电气装修工程中，导线的连接是电工基本工艺之一，导线连接的质量关系着线路和设备运行的可靠性和安全程度。对导线连接的基本要求是：电接触良好，机械强度足够，接头美观，且绝缘恢复正常。

项目任务书

导线连接与绝缘材料应用的任务书见表2-2。

表 2-2　导线连接与绝缘材料的应用

<table>
<tr><td rowspan="3">××学院</td><td rowspan="3">导线连接与绝缘材料应用任务书</td><td>文件编号</td><td></td></tr>
<tr><td>版　　次</td><td></td></tr>
<tr><td colspan="2">共 1 页/第 1 页</td></tr>
<tr><td>工序号：2</td><td>工序名称：导线连接与绝缘材料的应用</td><td colspan="2">作业内容</td></tr>
<tr><td colspan="2" rowspan="13"></td><td>1</td><td>根据本项目要求，准备常用电工工具及材料</td></tr>
<tr><td>2</td><td>电工工具的正确使用</td></tr>
<tr><td>3</td><td>导线的剥线、连接绝缘层恢复练习</td></tr>
<tr><td>4</td><td>列举常用的绝缘材料</td></tr>
<tr><td colspan="2">使用工具</td></tr>
<tr><td colspan="2">游标卡尺、千分尺、钢丝钳、剥线钳、电工刀、尖嘴钳、断线钳、旧导线、塑料绝缘带、绝缘黑胶带、旧电气器件、螺钉旋具</td></tr>
<tr><td colspan="2">※工艺要求(注意事项)</td></tr>
<tr><td>1</td><td>确认工具及材料清单，记录清楚</td></tr>
<tr><td>2</td><td>单股导线和多股导线测量，读数既快又准</td></tr>
<tr><td>3</td><td>会计算截面积(每种规格测量两根)</td></tr>
<tr><td>4</td><td>导线绝缘层剖削，要求选用工具及方法正确，不伤线芯</td></tr>
</table>

2.2 项目准备

导线连接与绝缘材料应用的清单表见表 2-3。

表 2-3 材料清单

序号	名称	数量	该元器件功能	备注
1	钢丝钳	1	用于夹持或切断金属导线	
2	剥线钳	1	用于剥去各种绝缘电线、电缆芯线的绝缘皮	
3	尖嘴钳	1	用于夹捏工件或导线，特别适宜于狭小的工作区域	
4	电工刀	1	用于切削导线的绝缘层、电缆绝缘、木槽板等	
5	塑料绝缘带	1	用于绝缘层的恢复	
6	绝缘黑胶带	1	用于绝缘层的恢复	
7	游标卡尺	1	用于测量长度、内外径	
8	千分尺	1	用于测量	
10	各种导线	若干	用于导线的剖削、连接与绝缘层的恢复	

导线连接与绝缘材料应用流程图如图 2.1 所示。

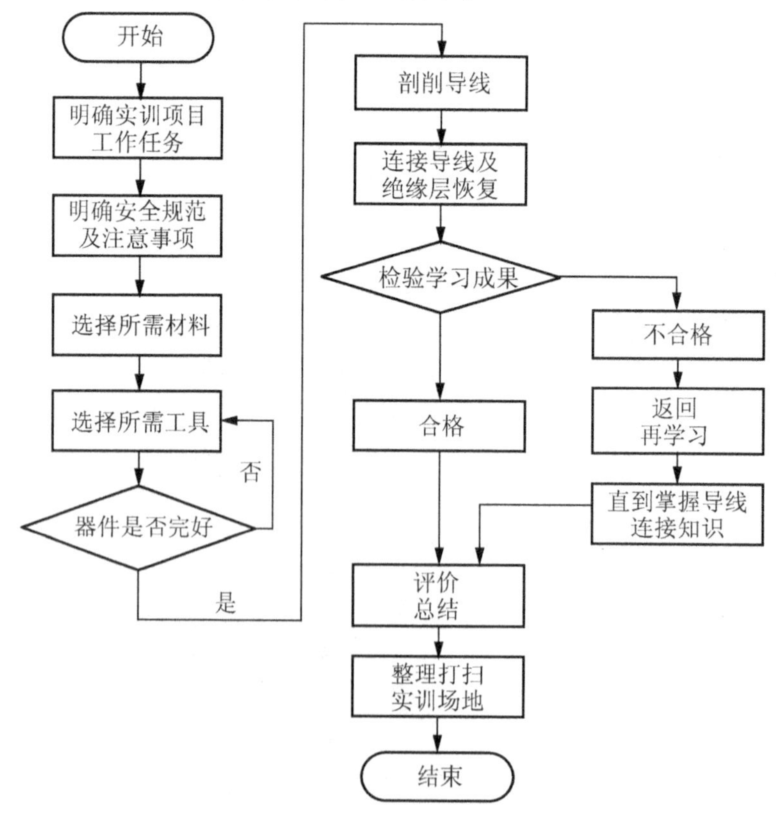

图 2.1 导线连接与绝缘材料应用流程图

2.3 项目知识

1. 绝缘层的剖削

1）塑料硬线绝缘层的剖削

有条件时，去除塑料硬线的绝缘层用剥线钳甚为方便。这里要求能用钢丝钳和电工刀剖削。

线芯截面在 2.5mm^2 及以下的塑料硬线，可用钢丝钳剖削：先在线头所需长度交界处，用钢丝钳口轻轻切破绝缘层表皮，然后用手拉紧导线，右手适当用力捏住钢丝钳头部，向外用力勒去绝缘层，如图 2.2 所示。在勒去绝缘层时，不可在钳口处加剪切力，这样会伤及线芯，甚至将导线剪断。

对于规格大于 4mm^2 的塑料硬线的绝缘层，直接用钢丝钳剖削较为困难，可用电工刀剖削。先根据线头所需长度，用电工刀刀口对导线成 45°切入塑料绝缘层，注意掌握刀口刚好削透绝缘层而不伤及线芯。然后调整刀口与导线间的角度以 15°角向前推进，将绝缘层削出一个缺口，接着将未削去的绝缘层向后扳翻，再用电工刀切齐。

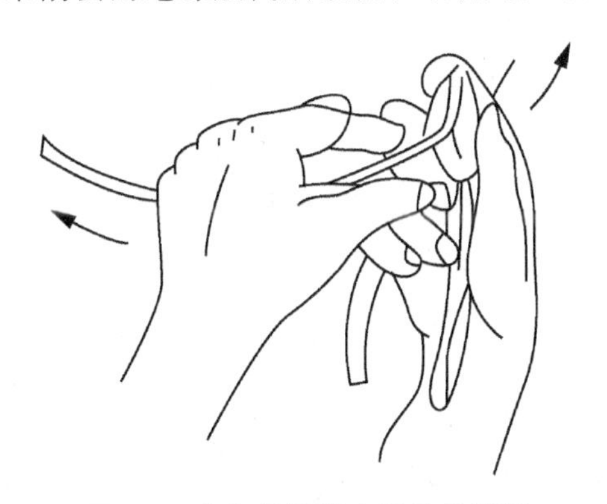

图 2.2 用钢丝钳勒去导线绝缘层

2）塑料软线绝缘层的剖削

塑料软线绝缘层的剖削除用剥线钳外，仍可用钢丝钳按直接剖削 2.5mm^2 及以下的塑料硬线的方法进行，但不能用电工刀剖削。因塑料软线太软，线芯又由多股铜丝组成，用电工刀很容易伤及线芯。

3）塑料护套线绝缘层的剖削

塑料护套线绝缘层分为外层的公共护套层和内部每根芯线的绝缘层。公共护套层一般用电工刀剖削，先按线所需长度，将刀尖对准两股芯线的中缝划开护套层，并将护套层向后扳翻，然后用电工刀齐根切去，如图 2.3 所示。

切去套层后，露出的每根芯线绝缘层可用钢丝钳或电工刀按照剖削塑料硬线绝缘层的方法分别除去。钢丝钳或电工刀在切入口应离护套层 5～10mm。

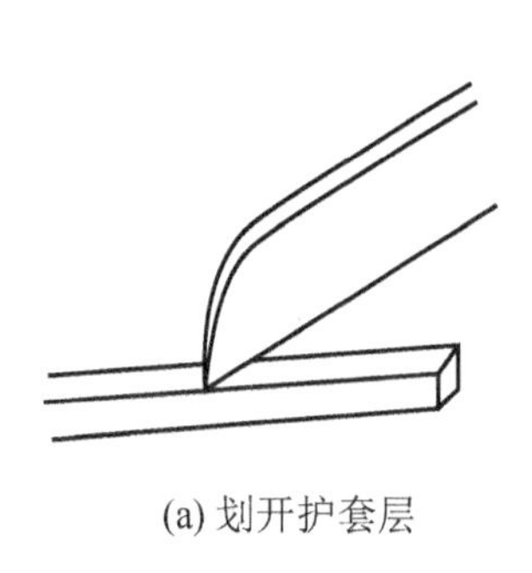

(a) 划开护套层

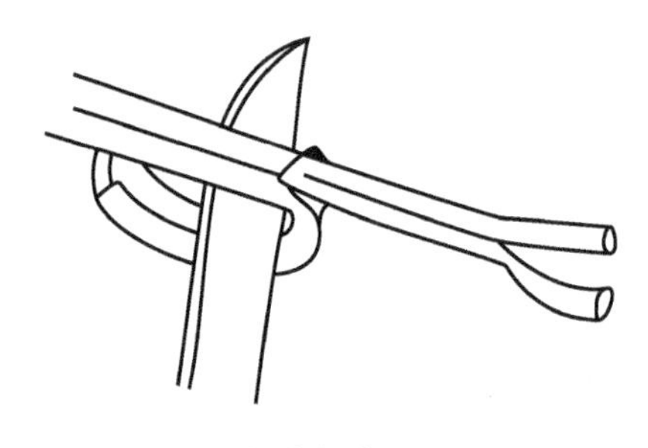

(b) 切去护套层

图 2.3 塑料护套线的剖削

4）橡皮线绝缘层的剖削

橡皮线绝缘外面有一层柔韧的纤维编织保护层，先用剖削护套线护套层的办法，用电工刀尖划开纤维编织层，并将其扳翻后齐根切去，再用剖削塑料硬线绝缘层的方法，除去橡皮绝缘层。如橡皮绝缘层内的芯线上还包缠着棉纱，可将该棉纱层松开。

5）橡套软线(橡套电缆)绝缘层的剖削

橡套软线外包护套层，内部每根线芯上又有各自的橡皮绝缘层。外护套层较厚，可用电工刀按切除塑料护套层的方法切除，露出的多股芯线绝缘层，可用钢丝钳勒去。

6）铅包线护套层和绝缘层的剖削

铅包线绝缘层分为外部铅包层和内部芯线绝缘层。剖削时先用电工刀在铅包层切下一个刀痕，然后上下左右扳动折弯这个刀痕，使铅包层从切口处折断，并将它从线头上拉掉。内部芯线绝缘层的剖除方法与塑料硬线绝缘层的剖削法相同。剖削铅包绝缘层的操作过程如图 2.4(a)、图 2.4(b)、图 2.4(c)所示。

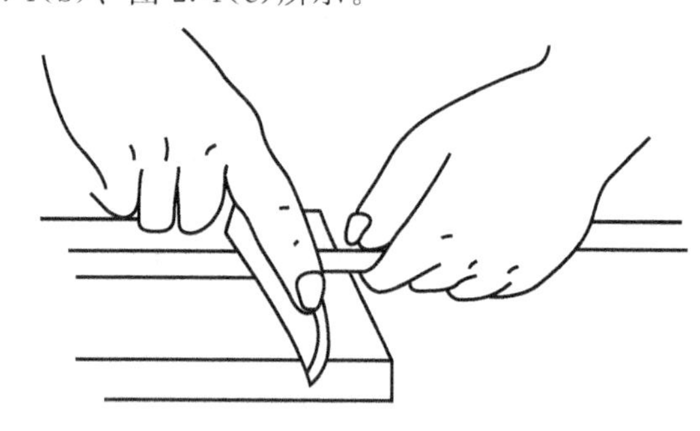

(a) 剖切铅包层

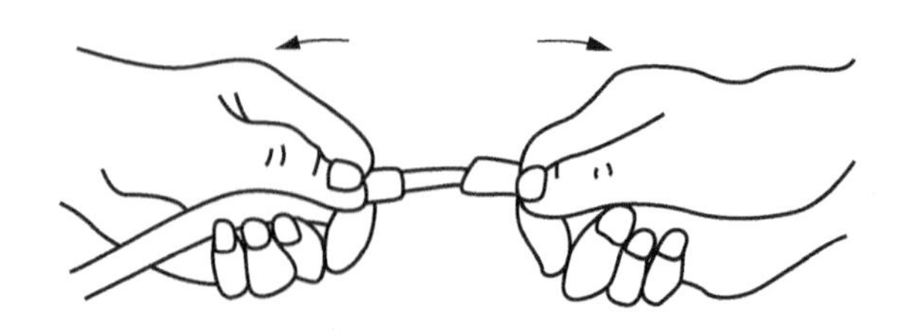

(b) 折扳和拉出铅包层

图 2.4 铅包线绝缘层的剖削

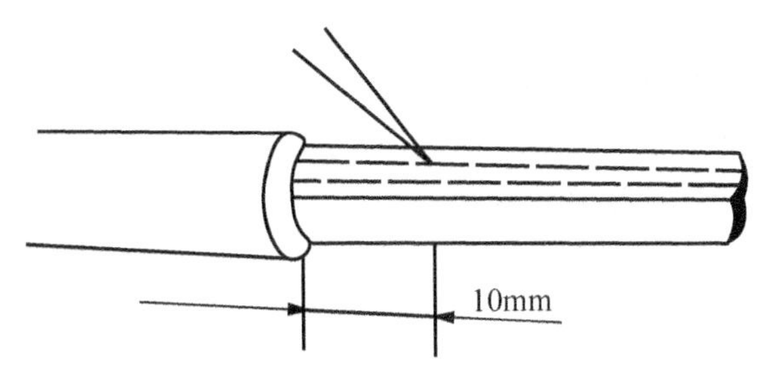

(c) 剖削内部芯线绝缘层

图 2.4　铅包线绝缘层的剖削(续)

7）漆包线绝缘层的去除

漆包线绝缘层是喷涂在芯线上的绝缘层。由于线径的不同，去除绝缘层的方法也不一样。直径 1mm 以上的，可用细砂纸或细纱布擦去；直径在 0.6mm 以上的，可用薄刀片刮去；直径在 0.1mm 及以下的也可用细砂纸或细纱布擦除，但易于折断，需要小心。有时为了保留漆包线的芯线直径准确以便于测量，也可用微火烤焦其线头绝缘层，再轻轻刮去。

2. 导线线头的连接

1）铜芯导线的连接

(1) 单股芯线有绞接和缠绕两种方法。

绞接法用于截面较小的导线，缠绕法用于截面较大的导线。

绞接法是先将已剖除绝缘层并去掉氧化层的两根线头呈“X”形相交(图 2.5(a))，并互相绞合 2～3 圈(图 2.5(b))，接着扳直两个线头的自由端，将每根线自由端在对边的线芯上紧密缠绕到线芯直径的 6～8 倍长(图 2.5(c))，将多余的线头剪去，修理好切口毛刺即可。

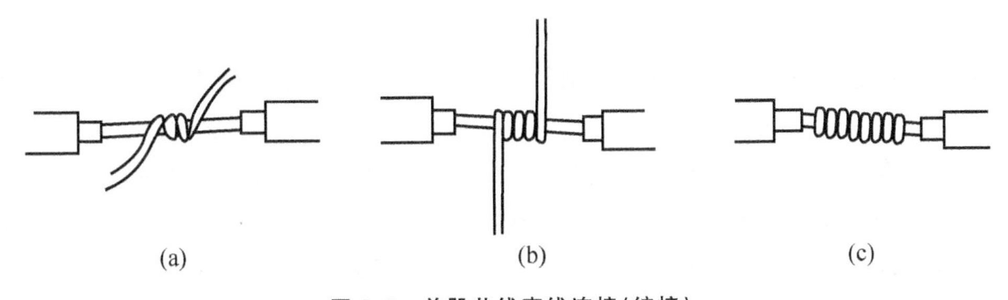

(a)　(b)　(c)

图 2.5　单股芯线直线连接(绞接)

缠绕法是将已去除绝缘层的线头相对交叠，再用直径 1.6mm 的裸铜线做缠绕线在其上进行缠绕。

(2) 单股铜芯线的 T 形连接。

单股芯线 T 形连接时仍可用绞接法和缠绕法。绞接法是先将除去绝缘层和氧化层的线头与干线剖削处的芯线十字相交，注意在支路芯线根部留出 3～5mm 裸线，接着顺时针方向将支路芯线在干路芯线上紧密缠绕 6～8 圈(图 2.6)。剪去多余线头，修整好毛刺。

对用绞接法连接较困难的截面较大的导线，可用缠绕法，其具体方法与单股芯线直连的缠绕法相同。

对于截面较小的单股铜芯线，可用图 2.6 所示的方法完成 T 型连接，先把支路芯线线头与干路芯线十字相交，仍在支路芯线根部留出 3～5mm 裸线，把去路芯线在干线上缠绕成结状，再把支路芯线拉紧扳直并紧密缠绕在干路芯线上。为保证接头部位有良好的电接触和足够的机械强度，应保证缠绕长度为芯线直径的 8～10 倍。

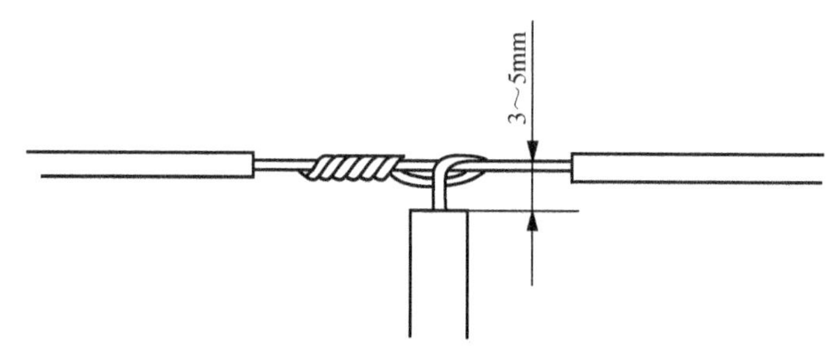

图 2.6 小截面单股铜芯线 T 形连接

(3) 7 股铜芯线的直线连接。

把除去绝缘层和氧化层的芯线线头分成单股散开并拉直，在线头总长的 1/3 处(离根部距离)顺着原来的扭转方向将其绞紧，余下的 2/3 长度的线头分散成伞形，将两股伞形线头相对，隔股交叉直至伞形根部相接，然后捏平两边散开的线头，接着 7 股铜芯线按根数 2、2、3 分成 3 组，先将第一组的两根线芯扳到垂直于线头的方向，按顺时针方向缠绕两圈，再弯下扳成直角使其紧贴芯线，第二组、第三组线头仍按第一组的缠绕办法紧密缠绕在芯线上。为保证电接触良好，如果铜线较粗较硬，可用钢丝钳将其绕紧。缠绕时注意使后一组线头压在前一组线头已折成直角的根部。最后一组线头应在芯线上缠绕 3 圈，在缠到第 3 圈时，把前两组多余的线端剪除，最后用钢丝钳钳平线头，修理好毛刺，到此完成了该接头的一半任务。后一半的缠绕方法与前一半完全相同。

(4) 7 股铜芯线的 T 形连接。

把除去绝缘层和氧化层的芯线端分散拉直，在距离根部 1/8 处将其进一步绞紧，将支路线头按 3 和 4 的根数分成两组并整齐排列。接着用一字形螺丝刀把干线也分成尽可能对等的两组，并在分出的中缝处撬开一定距离，将去路芯线的一组穿过干线的中缝，另一组排于干路芯线的前面，如图 2.7(a)所示。先将前面一组在干线上按顺时针方向缠绕 3～4 圈，剪除多余线头，修整好毛刺，如图 2.7(b)所示。接着将去路芯线穿越干线的一组在干线上按反时针方向缠绕 3～4 圈，剪去多余线头，剪平毛刺即可，如图 2.7(c)所示。

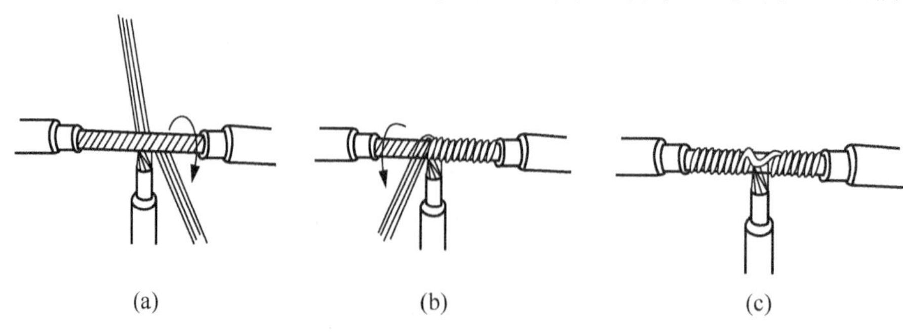

图 2.7 7 股铜芯线的 T 型连接

(5) 19 股芯线的直线连接和 T 型连接。

19 股铜芯线的连接与 7 股芯线连接方法基本相同。在直接连接中，由于芯线股数较多，可剪去中间的几股，按要求在根部留出一定长度绞紧，隔股对叉，分组缠绕。在 T 型连接中，支路芯线按 9 和 10 的根数分成两组，将其中一组穿过中缝后，沿干线两边缠绕。为保证有良好的电接触和足够的机械强度，对这类多股芯线的接头，通常都应进行钎焊处理。

2) 电磁线头的连接

电机和变压器绕组用电磁线绕制，无论是重绕或维修，都要进行导线的连接，这种连接可能在线圈内部进行，也可能在线圈外部进行。前者是在导线长度不够或断裂时用，后者则是连接线圈出线端用。

(1) 线圈内部的连接。

对直径在 2mm 以下的圆铜线，通常是先绞接后钎焊。绞接时要均匀，两根线头互绕不少于 10 圈，两端要封口，不能留下毛刺，截面较小的漆包线的绞接如图 2.8(a)所示，截面较大的漆包线的绞接如图 2.8(b)所示。

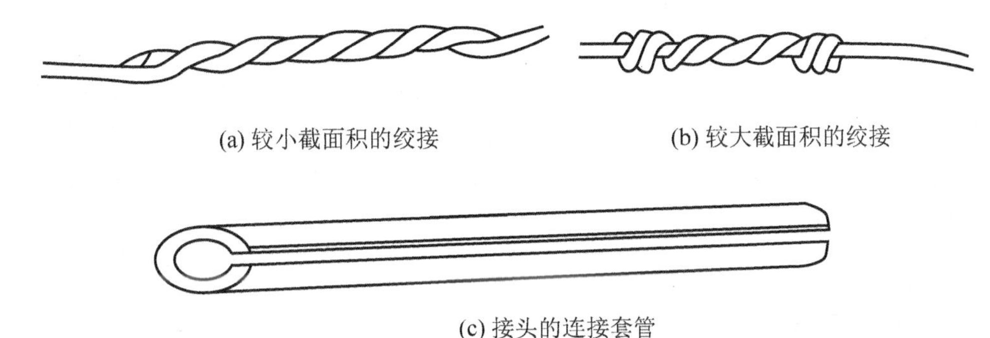

(a) 较小截面积的绞接　　(b) 较大截面积的绞接

(c) 接头的连接套管

图 2.8　线圈内部端头连接方法

直径大于 2mm 的漆包圆铜线的连接多使用套接后再钎焊的方法。套管用镀锡的薄铜片卷成，在接缝处留有缝隙，选用时注意套内径与线头大小配合，其长度为导线直径的 8 倍左右，如图 2.8(c)所示。连接时，将两根去除了绝缘层的线端相对插入套管，使两线头端部对接在套管中间位置，再进行钎焊，使锡液从套管侧缝充分浸入内部，注满各处缝隙，将线头和导管铸成整体。

对截面积不超过 25mm^2 的矩形电磁线，亦用套管连接，工艺同上。

套管铜皮的厚度应选 0.6～0.8mm 为宜；套管的横截面，以电磁线横截面的 1.2～1.5 倍为宜。

(2) 线圈外部的连接。

这类连接有两种情况。一种是线圈间的串、并联，Y、△连接等。对小截面导线，这类线头的连接仍采用先绞接后钎焊的办法；对截面较大的导线，可用乙炔气焊。另一种是制作线圈引出端头：用如图 2.9 所示的接线端子(接线耳)与线头之间用压接钳压接，若不用压接方法，也可直接钎焊。

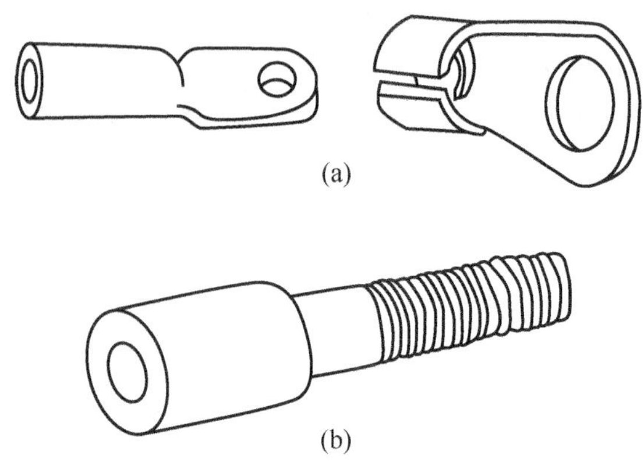

(a)

(b)

图 2.9　接线耳与接线桩螺钉

3）铝导线线头的连接

铝的表面极易氧化，而且这类氧化铝膜电阻率又高，除小截面铝芯线外，其余铝导线的连接都不采用铜芯线的连接方法。在电气线路施工中，铝线线头的连接常用螺钉压接法、压接管压接法和沟线夹螺钉压接法 3 种。

（1）螺钉压接法。

将剖除绝缘层的铝芯线头用钢丝刷或电工刀除去氧化层，涂上中性凡士林后，将线头伸入接头的线孔内，再旋转压线螺钉压接。线路上导线与开关、灯头、熔断器、仪表、瓷接头和端子板的连接，多用螺钉压接，如图 2.10 所示。单股小截面铜导在电器和端子板上的连接亦可采用此法。

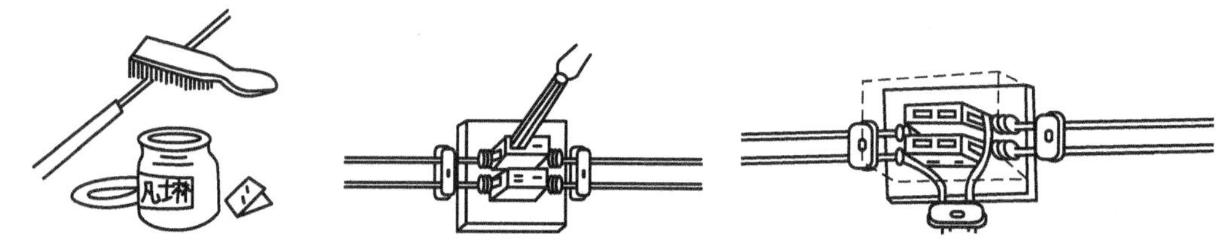

(a) 刷去氧化膜涂上凡士林　(b) 在瓷接头上作直线连接　(c) 在瓷接头上作分路连接

图 2.10　单股铝芯导线的螺钉压接法连接

如果有两个(两个以上)线头要接在一个接线板上时，应事先将这几根线头扭作一股，再进行压接，如果直接扭绞的强度不够，还可在扭绞的线头处用小股导线缠绕后再插入接线孔压接。

（2）压接管压接法。

此方法又叫套管压接法，它适用于室内、外负荷较大的铝芯线头的连接。接线前，先选好合适的压接管，清除线头表面和压接管内壁上的氧化层及污物，再将两根线头相对插入并穿出压接管，使两线端各自伸出压接管 256～30mm，然后用压接钳进行压接，压接完工的铝线接头如图 2.11 所示，如果压接的是钢芯铝绞线，应在两根芯线之间垫一层铝质垫片。压接钳在接管上的压坑数目要视不同情况而定，室内线头通常为 4 个；对于室外铝绞线，截面为 16～35mm^2 的压坑数目为 6 个，50～70mm^2 的为 10 个；对于钢芯铝绞线，16mm^2 的为 12 个，25～35mm^2 的为 14 个，50～70mm^2 的为 16 个，95mm^2 的为 20

个，125～150mm^2的为24个。

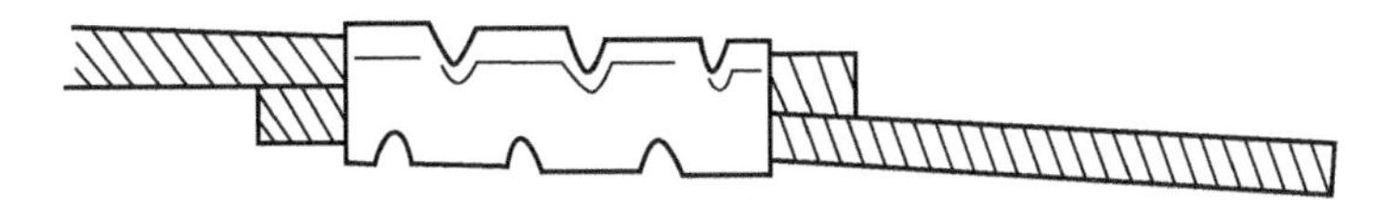

图2.11 压接管压接法

(3) 沟线夹螺钉压接法。

此法适用于室内、外截面较大的架空线路的直线和分支连接。连接前先用钢丝刷除去导线线头和沟线夹线槽内壁上的氧化层及污物，并涂上中性凡士林，然后将导线卡入线槽，旋紧螺钉，使沟线夹紧夹线头而完成连接，为预防螺钉松动，压接螺钉上必须套以弹簧垫圈。

沟线夹的规格和使用数量与导线截面有关。通常，导线截面在70mm^2及以下的用一副小型沟线夹；截面在70mm^2以上的，用两副较大型号的沟线夹，两副沟线夹之间相距300～400mm。

4) 线头与接线桩的连接

(1) 线头与针孔接线桩的连接。

端子板、某些熔断器、电工仪表等的接线部位多是利用针孔附有压接螺钉压住线头完成连接的。线路容量小，可用一只螺钉压接；若线路容量较大，或接头要求较高时，应用两只螺钉压接。

单股芯线与接线桩连接时，最好按要求的长度将线头折成双股并排插入针孔，使压接螺钉顶紧双股芯线的中间。如果线头较粗，双股插不进针孔，也可直接用单股，但芯线在插入针孔前，应稍微朝着针孔上方弯曲，以防压紧螺钉稍松时线头脱出。

在针孔接线桩上连接多股芯线时，先用钢丝钳将多股芯线进一步绞紧，以保证压接螺钉顶压时不致松散。注意针孔和线头的大小应尽可能配合。如果针孔过大可选一根直径大小相宜的铝导线作绑扎线，在已绞紧的线头上紧密缠绕一层。使线头大小与针合适后再进行压接，如线头过大，插不进针孔时，可将线头散开，适量减去中间几股。通常7股可剪去1～2股，19股可剪去1～7股。然后将线头绞紧，进行压接。

无论是单股还是多股芯线的线头，在插入针孔时，一是注意插到底；二是不得使绝缘层进入针孔，针孔外的裸线头的长度不得超过3mm。

(2) 线头与平压式接线桩的连接。

平压式接线桩利用圆头、圆柱头或六角头螺钉加垫圈将线头压紧，完成电连接。对载流量小的单股芯线，先将线头弯成接线圈，再用螺钉压接。对于横截面不超过10mm^2、股数为7股及以下的多股芯线，制作压接圈。对于载流量较大、横截面积超过10mm^2、股数多于7股的导线端头，则需安装接线耳。

连接这类线头的工艺要求是：压接圈和接线耳的弯曲方向应与螺钉拧紧方向一致，连接前应清除压接图、接线耳和垫圈上的氧化层及污物，再将压接圈或接线耳压在垫圈下面，用适当的力矩将螺钉拧紧，以保证良好的电接触。压接时注意不得将导线绝缘层压入垫圈内。

（3）线头与瓦形接线桩的连接。

瓦形接线桩的垫圈为瓦形。压接时为了不致使线头从瓦形接线桩内滑出，压接前应先将已去除氧化层和污物的线头弯曲成 U 形，再卡入瓦形接线桩压接。如果在接线桩上有两个线头连接，应将弯成 U 形的两个线头相重合，再卡入接线桩瓦形垫圈下方压紧。

3. 导线的封端

为保证导线头与电气设备的电接触和其机械性能，除 $10mm^2$ 以下的单股铜芯线、$2.5mm^2$ 及以下的多股铜芯线和单股铝芯线能直接与电器设备连接外，大于上述规格的多股或单股芯线，通常都应在线头上焊接或压接接线端子，这种工艺过程叫做导线的封端。但是工艺上，铜导线和铝导线的封端是不完全相同的。

1）铜导线的封端

铜导线封端常用锡焊法或压接法。

（1）锡焊法。

先除去线头表面和接线端子孔内表面的氧化层和污物，分别在焊接面上涂上无酸焊锡膏，在线头上先搪一层锡，并将适量焊锡放入接线端子的线孔内，用喷灯对接线端子加热，待焊锡熔化时，趁热将搪锡头插入孔内，继续加热，直到焊锡完全渗透到芯线缝中并灌满线头与接线端子孔内壁之间的间隙，方可停止加热。

（2）压接法。

把表面清洁且已加工好的线头直接插入内表面已清洁的接线端子线孔，然后按前面所介绍的压接管压接法的工艺要求，用压接钳对线头和接线端子进行压接。

2）铝导线的封端

由于铝导线表面极易氧化，用锡焊法比较困难。通常都用压接法封端。压接前除了先清除线头表面及接线端子线孔内表面的氧化层及污物外，还应分别在两者接触面涂以中性凡士林，再将线头插入端线孔，用压接钳压接。

3）线头绝缘层的恢复

在线头连接完工后，导线连接前所破坏的绝缘层必须恢复，且恢复后的绝缘强度一般不应低于剖削前的绝缘强度，方能保证用电安全。电力线上恢复线头绝缘层常用黄蜡带、涤纶薄膜带和黑胶带(黑胶布)3 种材料。绝缘带宽度选 20mm 比较适宜。包缠时，先将黄蜡带从线头的一边在完整绝缘层上离切口 40mm 处开始包缠，使黄蜡带与导线保持 55°的倾斜角，后一圈压叠字在前一圈 1/2 的宽度上，再后一圈仍压叠前一圈的 1/2。

在 380V 的线路上恢复绝缘层时，先包缠 1～2 层黄蜡带，再包缠一层黑胶带。在 220V 线路上恢复绝缘层，可先包一层黄蜡带，再包一层黑胶带。或不包黄蜡带，只包两层黑胶带。

2.4　项 目 评 价

项目评价见表 2－4。

表 2－4　项目评价

考核项目	考核要求	配分	评分标准	扣分	得分	备注
准备工作	常用电工工具的使用	10	常用电工工具的正确使用			
导线连接方式	1. 根据要求选用导线 2. 导线的剖削 3. 导线与导线、导线与器件的连接	30	1. 正确选择导线 2. 正确实现导线的剖削 3. 正确选择导线与导线、导线与器件的连接方式			
导线的测量与连接	1. 游标卡尺、千分尺的使用 2. 单股、多股导线的连接 3. 绝缘层的恢复	50	1. 游标卡尺、千分尺的正确使用 2. 单股、多股导线的正确连接 3. 绝缘层的恢复			
安全生产	自觉遵守安全文明生产规程	10	有无发生安全事故			
时间	3 小时		提前正确完成，每 5 分钟加 2 分 超过定额时间，每 5 分钟扣 2 分			

开始时间：		结束时间：		实际时间：	

项目3

焊接工艺知识

3.1 项目任务

焊接实训内容见表3-1。

表3-1 焊接实训内容

项目内容	1. 掌握焊接的基本知识 (1) 焊接的定义：利用加热或其他方式，使焊料与被焊金属原子之间相互吸引，相互渗透，依靠原子之间的内聚力使两金属永久的牢固的结合，这种方法叫焊接 (2) 掌握锡焊分类及特点。主要分为3类：熔焊、接触焊、锡焊 (3) 了解焊接机理。润湿(横向流动)、扩散(纵向流动)、合金层(界面层) (4) 了解形成合金层的条件。焊接材料必须具有充分的可焊性、被焊物表面必须清洁、焊接的温度和时间要适当 2. 了解焊料与焊剂 (1) 了解焊料分类：有铅合金、无铅合金焊料 按成分分类：锡铅焊料、银焊料、铜焊料等 按耐温分类：高温焊料、低温焊料、低熔点焊料等 (2) 了解助焊剂分类：无机助焊剂、有机助焊剂、松香基助焊剂 3. 了解无铅制程知识 (1) 有铅产品对人体的伤害 (2) WEEE与RoSH指令简述、中国法规及对应措施 (3) 无铅制程的导入 (4) 无铅研究与发展状况 4. 自动设备焊接技术 (1) THT(手摆)工艺常用自动焊接设备的工作原理及操作要点 (2) SMT(表面贴装)工艺常用自动焊接设备的工作原理及操作要点 5. 掌握手工焊接步骤
重难点	1. 手工焊接步骤 2. 自动设备焊接技术
操作原则与安全注意事项	(1) 一般原则：培训的学员必须在指导老师的指导下才能操作该设备。请务必按照技术文件和各独立元器件的使用要求使用该系统，以保证人员和设备安全 (2) 穿绝缘鞋和戴手套，注意安全用电

项目导读

掌握烙铁的正确使用方法是高质量的焊接和电子产品质量得以保障的重要工作，是电子产品生产企业得以生存的关键环节。

焊接出现虚焊，造成产品功能的失效。

焊接出现短路，造成产品功能的失效，甚至可能造成元器件的损害。

项目任务书

项目任务书见表3-2和表3-3。

表 3-2　THT(手摆)工艺常用设备

××学院	焊接工艺任务书	文件编号	
		版　　次	
		共 1 页/第 1 页	
工序号：3	工序名称：了解 THT(手摆)工艺常用设备	作业内容	
手工插DIP元器件；自动插件机；浸焊炉又称为小锡炉；自动插件机		1	焊接的基本知识，包含焊接的定义、锡焊分类及特点焊接机理、形成合金层的条件
		2	焊料与焊剂，包含焊料分类、助焊剂分类
		3	自动设备焊接技术中：THT(手摆)工艺常用设备及工艺流程
		使用工具	
		防静电衣裤、防静电帽、静电鞋、静电环	
		※工艺要求(注意事项)	
		1	清洁相关设备，戴好防静电腕连带，焊接设备需接地
		2	了解焊接的基本知识，包含焊接的定义、锡焊分类及特点，焊接机理、形成合金层的条件，编程过程中注意编程方法
		3	了解焊料与焊剂 包含焊料分类、助焊剂分类
		4	掌握自动设备焊接技术中：THT(手摆)工艺常用设备的工作原理、选择方法及了解相关工艺流程

更改标记		编　　制		批　　准	
更改人签名		审　　核		生产日期	

表 3-3　了解 SMT 工艺常用设备

<table>
<tr><td rowspan="3" colspan="2">××学院</td><td rowspan="3" colspan="2">焊接工艺任务书</td><td colspan="2">文件编号</td><td colspan="2"></td></tr>
<tr><td colspan="2">版　　次</td><td colspan="2"></td></tr>
<tr><td colspan="4">共 1 页/第 1 页</td></tr>
<tr><td colspan="2">工序号：3</td><td colspan="2">工序名称：了解 SMT 工艺常用设备</td><td colspan="4">作业内容</td></tr>
<tr><td colspan="4" rowspan="14">半自动印刷锡膏机
贴片机
回流炉(又称再流炉)
AOI 自动光学检测仪</td><td>1</td><td colspan="3">半自动印刷锡膏机的作用及相关知识</td></tr>
<tr><td>2</td><td colspan="3">贴片机的作用及相关知识</td></tr>
<tr><td>3</td><td colspan="3">再流炉的作用及相关知识</td></tr>
<tr><td>4</td><td colspan="3">AOI 自动光学检测仪作用</td></tr>
<tr><td colspan="4">使用工具</td></tr>
<tr><td colspan="4">防静电衣裤、防静电帽、静电鞋、静电环</td></tr>
<tr><td colspan="4">※工艺要求(注意事项)</td></tr>
<tr><td>1</td><td colspan="3">清洁相关设备，穿好防静电衣裤及带上防静电帽，戴好防静电腕连带，穿上静电鞋，相关设备需接地</td></tr>
<tr><td>2</td><td colspan="3">了解半自动印刷锡膏机的作用及相关知识</td></tr>
<tr><td>3</td><td colspan="3">了解贴片机的作用及相关知识</td></tr>
<tr><td>4</td><td colspan="3">了解再流炉的作用及相关知识</td></tr>
<tr><td>5</td><td colspan="3">了解 AOI 自动光学检测仪作用</td></tr>
<tr><td>6</td><td colspan="3">掌握 SMT 相关工艺流程</td></tr>
<tr><td colspan="4"></td></tr>
<tr><td>更改标记</td><td></td><td>编　　制</td><td></td><td>批　　准</td><td colspan="3"></td></tr>
<tr><td>更改人签名</td><td></td><td>审　　核</td><td></td><td>生产日期</td><td colspan="3"></td></tr>
</table>

3.2 项目知识

3.2.1 焊接分类及特点

1. 焊接的定义

利用加热或其他方法，使焊料与被焊金属原子之间相互吸引，互相渗透，依靠原子之间的内聚力使两种金属永久地牢固结合，这种方法称为焊接。

2. 焊接性的定义

所谓焊接性，就是指溶解的焊锡料能否在固体金属表面上沾染得很好，同时也扩散得很好，因而能够确实地结合金属(产生合适厚度的合金层)，并同时可以满足所需之物理、化学上的性质的程度；在人工操作或自动化作业中，可在短时间内达成良好的焊接性能，称为“焊接性能良好”，这也同时是评估作业性能的尺度。

3. 焊接分类

(1) 熔焊：是指在焊接过程中，将焊件接头加热至熔化状态，在不加外压力的情况下完成焊接的方法，如电弧焊、气焊等。

(2) 接触焊：是指在焊接过程中，必须对焊件施加压力(加热或不加热)完成焊接的方法，如超声波焊、脉冲焊、摩擦焊等。

(3) 锡焊：锡焊有以下两种理解。

① 在焊接过程中，将焊件和焊料加热到高于焊料的熔点而低于被焊物的熔点的温度，利用液态焊料润湿被焊物，并与被焊物相互扩散，实现连接。

② 利用加热将作为焊料的金属熔化成液态，把被焊固态金属(母材)连接在一起，并在焊接部位发生化学变化的焊接方法。

a. 硬铅焊：焊料熔点高于450℃的焊接。

b. 软铅焊：焊料熔点低于450℃的焊接。电子产品安装时采用的焊料主要有锡、铅等低熔点合金材料，因此又称为“锡焊”。

4. 焊接机理

(1) 润湿(横向流动)：是指熔融焊料在金属表面形成均匀、平滑、连续并附着牢固的焊料层。

① 浸润程度：取决于焊件表面的清洁程度及焊料的表面张力，如图3.1所示。

② 润焊流淌过程：首先松香在前面清除氧化膜，焊锡紧随其后进行流淌。润湿与润湿角解析如图3.2所示，润湿角计算公式如式(3.1)所示。

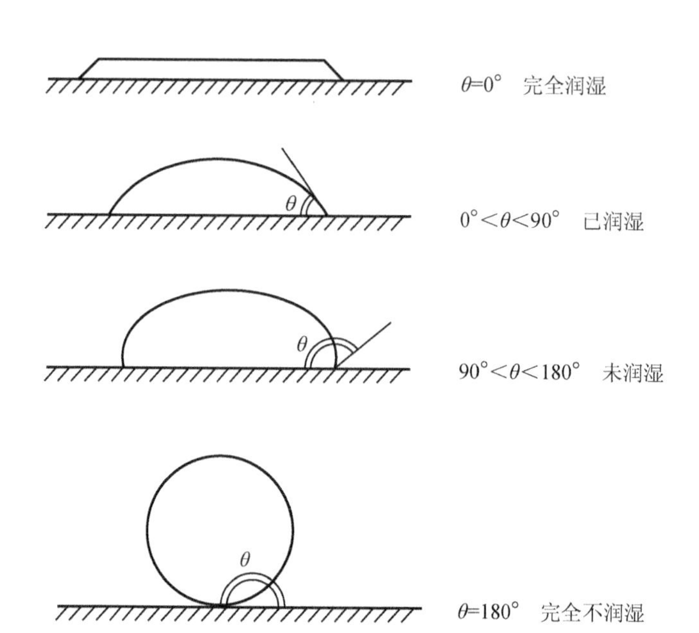

图 3.1　润湿角示意图

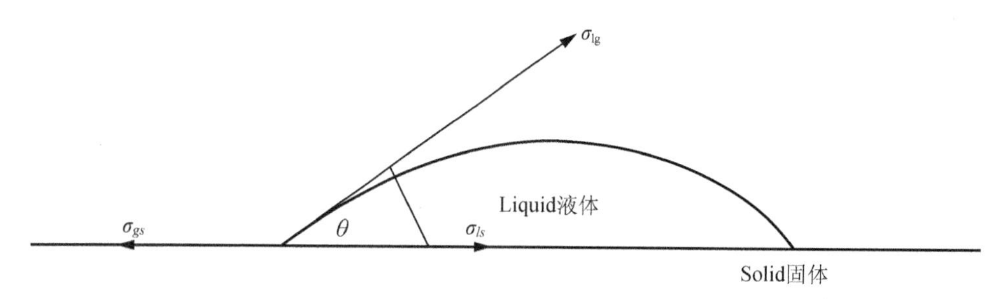

图 3.2　润湿-润湿角解析

润湿角计算公式：

$$\cos\sigma=\frac{\sigma_{\mathrm{gs}}-\sigma_{\mathrm{ls}}}{\sigma_{\mathrm{lg}}} \tag{3.1}$$

(2) 扩散(纵向流动)：指伴随熔融焊料在被焊面的润湿现象而出现的焊料向金属内部扩散的现象，锡铅焊料焊接铜件时，焊接过程中既有表面扩散，还有晶界扩散和晶内扩散。其中铅只参与表面扩散，而锡和铜原子相互扩散，在两者的界面形成新的合金，从而使焊料和焊件牢固地结合。扩散示意图如图 3.3 所示。

母材向液态钎料扩散溶解的计算公式如式(3.2)所示。

$$G=\sigma_{\mathrm{y}}c_{\mathrm{y}}\frac{v_{\mathrm{y}}}{s}\left(1-\mathrm{e}^{-\frac{aSt}{v_{\mathrm{y}}}}\right) \tag{3.2}$$

式中：G——单位面积内母材的溶解量；

σ_{y}——液态钎料的密度；

c_{y}——母材在液态钎料中的极限溶解度；

v_{y}——液态钎料的体积；

s——液-固相的接触面积；

a——母材的原子在液态钎料中的溶解系数；

t——接触时间。

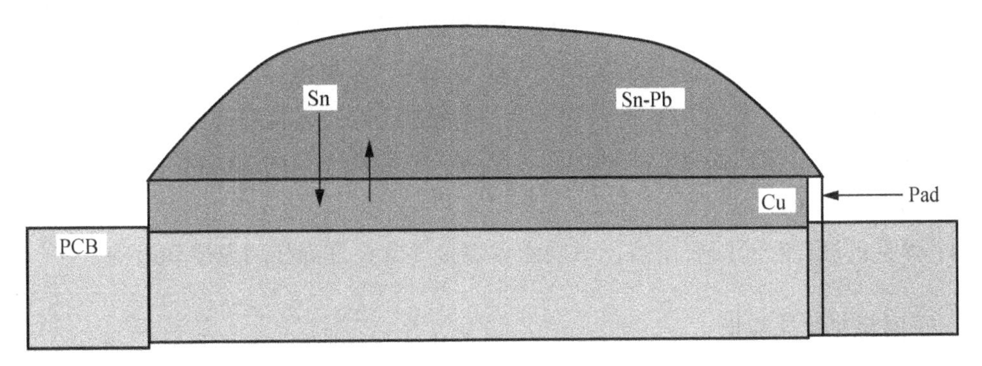

图 3.3 扩散示意图

(3) 合金化(界面层)：扩散的结果使锡原子和被焊金属铜的交接处形成合金层，从而得到一个牢固可靠的焊接点，界面处金属化合物的形成如图 3.4 及图 3.5 所示。

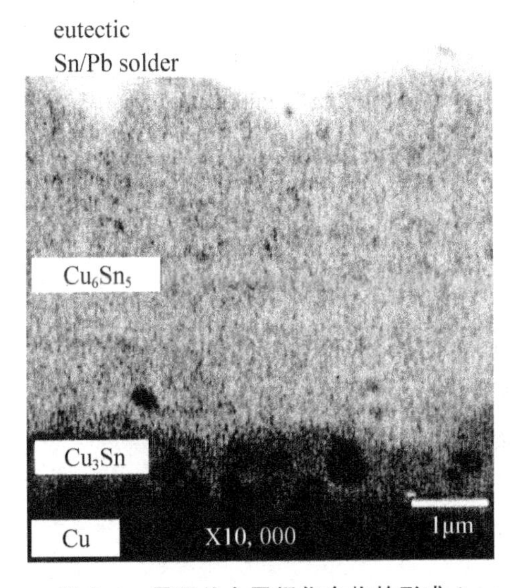

图 3.4 界面处金属间化合物的形成 1

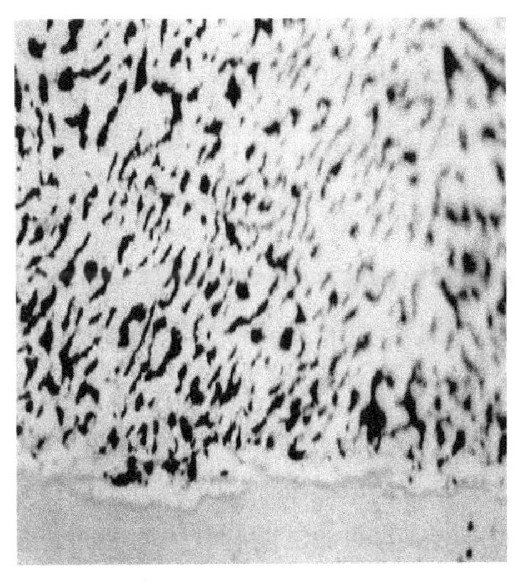

图 3.5 界面处金属间化合物的形成 2

焊接厚度：3～10μm。

焊接时间：2～5s。

焊接时间或焊接温度过高，会导致焊料表面失去金属光泽，而使焊点表面呈灰色，同时形成颗粒状的外观，使焊点丧失机械、电气性能。

5. 形成合金层的条件

(1) 焊接材料必须具有充分的可焊性。可焊性是指被焊接的金属材料与焊锡在适当的温度和助焊剂的作用下，焊锡原子容易与被焊接的金属原子相结合，生成良好的焊点的特性。

可焊性好的金属材料：紫铜、黄铜、银等。

可焊性差的金属材料：铬、钼、钨、金等。

采用措施：表面镀锡、镀银等。

(2) 被焊物表面必须清洁。因为氧化膜和杂质会阻碍焊锡和焊件相互作用，达不到原子间相互作用的距离，在焊接处难以形成真正的合金，容易虚焊。

(3) 选用合适的助焊剂。助焊剂的作用：清除焊件表面氧化膜并减小焊料熔化后的表面张力以利于润湿。不同焊件、不同的焊接工艺，必须选择不同的焊剂；电子线路的焊接常采用松香作助焊剂。

(4) 焊接的温度和时间要适当，不同物品焊接要掌握好焊接的温度和时间。

3.2.2 了解焊料相关知识

1. 焊料的定义

能熔合两种或两种以上的金属，使之成为一个整体的易熔金属或合金。

2. 焊料的作用

焊料一般用熔点较低的金属或金属合金制成，3.2.1 节讲到的焊锡其实就是焊料的一种。使用焊料的主要目的是把被焊物连接起来，对电路来说构成一个通路。

3. 焊料的分类

焊料有多种型号，按不同的方式可以分为以下几类。

(1) 根据熔点的不同可分为硬焊料和软焊料。

(2) 根据组成成分不同可分为锡铅焊料、银焊料、铜焊料等。

(3) 按耐温分为高温焊料、低温焊料、低熔点焊料等。

常用的锡铅焊料俗称焊锡，主要由锡和铅组成，还含有锑等成分。这些金属的配比不同会使得组成焊料的性能有较大的差异，金属配比和熔点对应关系见表 3-4。

表 3-4 金属配比和熔点对应关系

含量 熔点/℃	锡/(%)	铅/(%)	镉/(%)	铋/(%)
145	50	32	18	—
150	35	42	—	23
182	60	32	—	—

常用锡铅焊料及其应用领域的关系见表 3-5。

现在所使用的焊锡丝内部一般都已经夹有固体焊剂松香，所以看到的焊锡丝都不是实心的。

常见的焊锡的直径有 4mm、3mm、2.5mm 和 1.5mm 等。

表 3-5 锡铅焊料与用途

型号	牌号	熔点/℃	用 途
10	H1SnPb10	220	钎焊食品器皿及医药方面的物品
39	H1SnPb39	183	钎焊电子、电气制品
50	H1SnPb50	210	钎焊散热器、计算机、黄铜制品
58－2	H1SnPb58－2	235	钎焊工业及物理仪表
68－2	H1SnPb68－2	256	钎焊电缆铅护套、铅管
60－2	H1SnPb60－2	277	钎焊油料容器、散热器
90－6	H1SnPb90－6	265	钎焊黄铜和铜制件
73－2	H1SnPb73－2	265	钎焊铅管

4. 各类焊料的特点

1）锡(Sn)

特点：①质软、低熔点，熔点温度 232℃；②纯银较贵，质脆而机械性能差；③常温下，抗氧化性能强。

2）铅(Pb)

特点：①浅青色的软金属，熔点温度 327℃；②机械性能差，可塑性好，有较高的抗氧化性和腐蚀性；对人体有害(重金属)。

3）锡铅焊料(俗称“焊锡”)

用铅和锡按照不同的比例熔成的合金焊料。电子产品安装中，常用的锡铅合金焊料中锡的比例为 63%、铅的比例为 37%，这种焊料又称为“共晶焊锡”。

共晶焊锡的特点：①熔点低，熔点温度为 183℃，防止损坏元器件；②无半液态，可使焊点快速凝固从而避免虚焊；③表面张力低，焊料的流动性强，对被焊物有很好的润湿作用，从而提高焊接质量；④抗氧化性能强；⑤机械特性好。

4）锡焊膏

用于表面组装再流焊，由锡料粉和助焊剂组成。

特点：①有足够的黏性，可将元器件粘附在印制电路板上，以利于再流焊；②不能用于手工焊接。

分类：①树脂基钎焊膏；②水清洗钎焊膏；③免清洗钎焊膏。

5）无铅焊料

主要有 Sn-58Bi、Sn-3.5Ag、Sn-3.5Ag-4.8Bi、Sn-0.7Cu、Sn-3.8Ag-0.7Cu 等。

焊料的物理性能见表 3-6。

Sn-Pb 组成与表面张力和黏度的关系见表 3-7。

杂质对铅锡焊料的影响见表 3-8。

表 3－6　焊料的物理性能

序号	锡 /(%)	铅 /(%)	熔化温度 /℃	密度 /(g/cm³)	电导率(设铜为 100%)	抗拉强度 /MPa	延伸率 /(%)	剪切强度 /MPa
1	10	0	232	7.29	13.9	14.6	55	19.3
2	0	5	222	7.40	13.6	30.9	47	30.9
3	95	40	188	8.45	11.6	52.6	30	34.0
4	60	50	214	8.86	10.7	46.4	40	30.9
5	50	58	243	9.15	10.2	43.2	38	30.9
6	42	65	247	9.45	9.7	44.8	25	32.9
7	35	70	252	9.73	9.3	46.4	22	34.0
8	30	10	327	11.34	7.9	139	39	13.6

表 3－7　Sn－Pb 组成与表面张力和黏度的关系

组成(%)		表面张力 /(dyh/cm)	黏度 /(MPa·s)
Sn	Pb		
20	80	467	2.72
30	70	470	2.45
50	50	476	2.19
63	37	490	1.97
80	20	514	1.92

表 3－8　杂质对铅锡焊料的影响

杂　质	对焊料性能的影响
Sb(锑)	含量大时焊料硬度增大，流动性下降，含量超过 1%时铺展面积减少 25%
Cu(铜)	使焊料熔点升高，可焊性下降，含量超过 0.29%时可引起焊点疏松
Bi(铋)	使焊料熔点下降，机械性能下降，含量超过 0.5%时使焊料表面氧化变色
Cd(镉)	含量超过 0.15%时，铺展面积降低 25%
Zn(锌)	使焊料流动性降低，机械性能下降，含量超过 0.003%时焊料表面氧化，不耐腐蚀
Al(铝)	作用同锌一样，含量超过 0.005%时焊料氧化加剧
Fe(铁)	使焊料熔点升高，润湿性下降
As(砷)	含量超过 0.2%时，铺展面积下降 25%
P(磷)	使焊料润湿性下降，引起疏松
S(硫)	使焊料润湿性下降，引起疏松
Ag(银)	使焊料熔点升高

5. 焊料的选用

(1) 焊料和被焊金属材料之间应有很强的亲和性。所选焊料应能与被焊金属在一定温度和助焊剂作用下生成合金。

(2) 焊料的熔点必须与被焊金属的热性能相适应，否则不能保证焊接质量。

(3) 焊料形成的焊点应能保证良好的导电性能和机械强度。

具体施焊过程中，依上述原则，对焊料作如下选择。

① 焊接电子元器件、导线、镀锌钢皮等可选用 58－2 锡铅焊料。

② 手工焊接一般焊点，印制线路板上的焊盘及耐热性差的元器件和易熔金属制品，应选用 39 锡铅焊料。

③ 浸焊与波峰焊接印制线路板，一般用锡铅比为 61/39 的共晶焊锡。

焊锡丝线径的选择见表 3－9。

表 3－9　焊锡丝线径的选择

	被焊对象	锡丝直径/mm
1	印制板焊接点	0.8～1.2
2	小型端子与导线焊接	1.0～1.2
3	大型端子与导线焊接	1.2～2.0

注意事项：由于焊丝成分中，铅占一定比例，众所周知铅是对人体有害的重金属，因此操作时应戴手套或操作后洗手，避免食入，引起铅中毒。

3.2.3　助焊剂相关知识

1. 助焊剂的作用

改善焊接性能，能破坏金属氧化层，使氧化物漂浮在焊锡表面，有利于焊锡的浸润和焊点合金的生成，还能覆盖在焊料表面，防止焊料或金属继续氧化。

1) 去除氧化物

为了使焊料在被焊金属表面产生润湿，必须将妨碍双方金属原子接近的氧化物及污物除掉，而助焊剂具备这种功能。它能将氧化膜变成易于分解的物质(氢化水蒸气等)，从而达到清洁表面的作用。助焊剂要去除的对象——母材金属表面的氧化膜。

固体金属最外层表面是一层 0.2～0.3nm 的气体吸附层。接下来是一层 3～4nm 厚的氧化膜层，所谓氧化膜层并不是单纯的氧化物，而是由氧化物的水合物、氢氧化物、碱式碳酸盐等组成。

在氧化膜层之下是一层 1～10μm 厚的变形层，这是由于压力加工所形成的晶粒变形结构，与氧化膜之间还有 1～2μm 厚的微晶组织。固体金属最外层表面结构如图 3.6 所示。

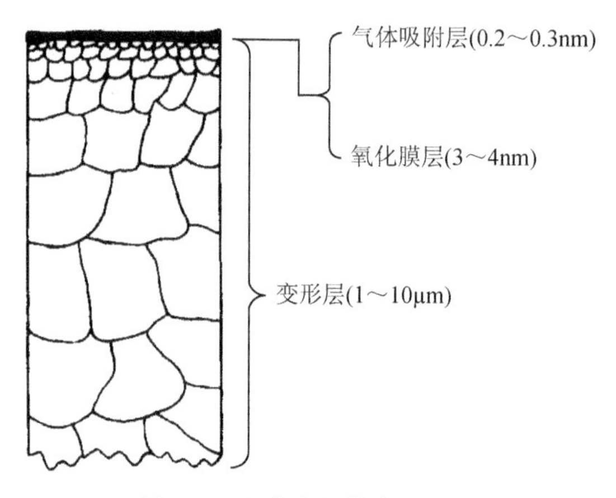

图 3.6　固体金属的表面结构

2）防止继续氧化

在焊接过程中，由于温度过高，会使金属表面氧化加速，而助焊剂会在整个金属表面上形成一层薄膜，包住金属，使其与空气隔绝，从而保护焊点不会在高温下继续氧化。

3）提高焊锡的流动性

熔化后的焊料处于固体金属表面上，由于受表面张力的作用，力图变成球状；而焊剂可增加焊料流动性，排开熔化焊料表面的氧化物。

4）能加快热量从烙铁头向焊料和被焊物表面传递

一般使用的助焊剂的熔点要比焊料低，所以在加热过程中应先熔化成液体填充间隙湿润焊点，在此过程中一方面清除氧化物和杂质，另一方面传递热量。

2. 助焊剂的分类

助焊剂分为无机、有机和树脂三大系列，如图 3.7 所示。

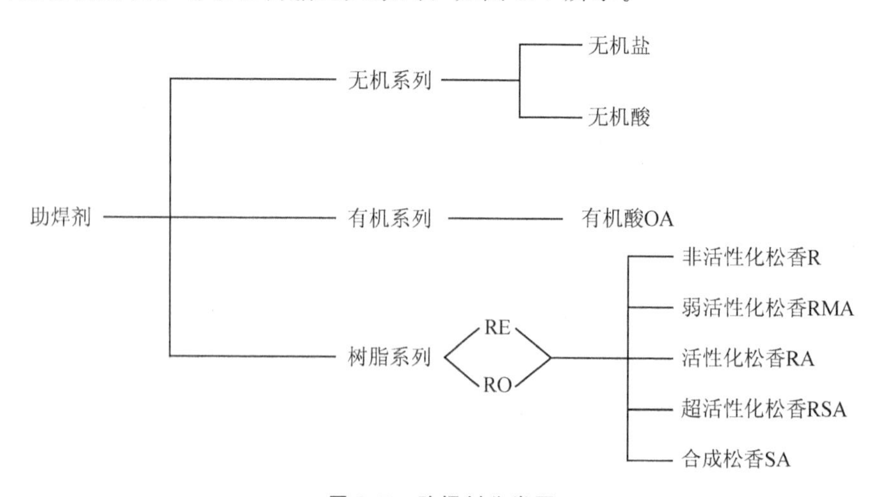

图 3.7　助焊剂分类图

1）无机助焊剂

这一类助焊剂主要由氯化锌、氯化铵等混合物组成，助焊效果较理想，但腐蚀性大。

如对残留物清洗不干净，将会破坏印制电路板的绝缘性。俗称焊油的多为这类焊剂，在印制电路板的焊接中禁止使用。

2）有机焊剂

有机焊剂多为有机酸卤化物的混合物，助焊性能也较好，但具有有机物的特性，遇热分解、有腐蚀性，在印制电路板的焊接中选择使用。

3）树脂焊剂

树脂焊剂通常从树木的分泌物中提取，属于天然产物，不会有什么腐蚀性。松香是这类焊剂的代表。目前有一种常用的松香酒精焊剂是用松香溶解在无水酒精中形成的，松香占到23%～30%。具有无腐蚀、绝缘性能好、稳定和耐湿等特点，且易于清洗，并能形成焊点保护膜，在印制电路板的焊接中大量使用。

常用的松香即属于树脂系列，表3-10已列举常用焊剂及其性能。

表3-10　常用焊剂及其性能

品种	松香酒精焊剂	盐酸二乙胺焊剂	盐酸苯胺焊剂	201－焊剂	SD焊剂	202－焊剂
绝缘电阻/Ω	8.5×10^{11}	1.4×10^{11}	2×10^{9}	1.8×10^{10}	4.5×10^{9}	5×10^{10}
可焊性能	中	好	中	好	好	中

3. 助焊剂的性能

(1) 助焊剂要有适当的活性温度范围、助焊效果。

(2) 助焊剂要有良好的热稳定性、化学性能稳定。

(3) 助焊剂的残留物不应有腐蚀性且容易清洗。

(4) 不应析出有毒、有害气体，符合环保的基本要求。

(5) 要有符合电子工业规定的水溶性电阻和绝缘电阻。

4. 助焊剂的选用

1）无机类焊剂

如盐酸、磷酸、氧化锌氧化铵等，其化学作用强，助焊性能好，但腐蚀作用很大，在电子设备焊接中禁用。

特点：①活性最强，常温下即能除去金属表面的氧化膜；②容易损伤金属及焊点，一般不用；③一般俗称“焊油”：用机油乳化后制成的膏状物质，可用溶剂清洗。

2）有机类焊剂

如甲酸、乳酸、乙二胺、树脂合成类等焊剂。含酸值较高的成分，有较好的助焊性能，可焊性高，有一定程度的腐蚀性。在电子设备焊接中受到一定限制。

特点：①具有一定的腐蚀性；②不易清洗。

3）松香基焊剂

松香基焊剂是一种传统的助焊剂，在加热情况下，有除去焊件表面氧化物的能力，

从而达到助焊的目的，还可以保护焊点不被氧化腐蚀，在电子产品的装配焊接中被广泛应用。

特点：①助焊能力和电气绝缘性能好；②不吸潮、无毒、无腐蚀、价格低。

松香水：将松香和酒精按1：3比例制成的助焊剂，主要用于提高印制电路板的焊接性，同时还可以防止铜箔的氧化。

注意事项：松香反复加热后会炭化(发黑)而失效，所以发黑的松香不能使用。

4）选用原则

(1）对铂、金、铜、银、锡及表面镀锡的其他金属，可焊性较强，宜用松香酒精溶液作焊剂松。

(2）对铅、黄铜、青铜及镀镍层的金属焊接性较差，应选用中性焊剂。

(3）对铁、镀锌、锡镍合金、低碳钢这些难于焊接的金属，应选用有机水溶性焊剂。

(4）对于板金属(大件)，可选无机系列焊剂。

(5）焊接半密封器件，必须选用焊后残留物无腐蚀性的焊剂，以防腐蚀性焊剂渗入被焊件内部产生不良影响。

5）注意事项

(1）无机系列焊剂酸性强，对金属的腐蚀性很强，其挥发的气体对电路元器件和电烙铁有破坏作用，焊后必须清洗干净，在电子线路的焊接中，除特殊情况外，不得使用这类焊剂。

(2）焊剂加热挥发出的化学物质对人体是有害的，如果操作时鼻子距离烙铁头太近，则很容易将有害气体吸入。一般烙铁离开鼻子的距离应至少不低于30厘米，通常以40厘米为宜。

有条件的在操作时应戴上护目镜，以防止焊锡中杂质受到高温液化后爆裂飞溅伤及眼睛。

3.2.4 无铅制程相关知识

1. 有铅产品对人体的伤害

1）铅在各种产品中的使用量

蓄电池80.81%；氧化物(用于油画、玻璃和陶瓷、颜料和化学品)4.78%；弹药4.69%；铅箔纸1.79%；电缆覆盖物1.40%；铸造金属1.13%；铜锭、铜坯0.72%；管道、弯头和其他挤压成型产品0.72%；非电子焊料0.70%；电子焊料0.49%；其他2.77%。

注意事项：在电子产品中禁止使用铅并不能解决全部的铅中毒问题。

2）有铅产品经常含有的有毒重金属种类

(1）镉：导致高血压，引起心脑血管疾病；破坏骨骼和肝肾，并引起肾衰竭。

(2）铅：重金属污染中毒性较大的一种，一旦进入人体将很难排除。能直接伤害人的脑细胞，特别是胎儿的神经系统，可造成先天智力低下。

(3) 砷：砒霜的组分之一，有剧毒，会致人迅速死亡。长期接触少量，会导致慢性中毒。

这些重金属中任何一种都能引起人的头痛、头晕、失眠、健忘、神经错乱、关节疼痛、结石、癌症。

3) 常见的几种重金属对人体造成的伤害

(1) 铅：对生命体的毒性主要表现在婴幼儿，儿童多动症和生长发育迟缓、中老年肾脏损伤、脑损伤、贫血、神经损伤、老年痴呆、癌症等，长期饮用铅超标的水，会引起孕妇流产和胎儿畸形，可以直接作用于男性的生殖系统核心器官上，从而影响男性性功能，其结果就是精子的质和量发生改变，精子量减少，精子畸形，活性能力减弱。英国科学家研究表明，铅可以缩短人的寿命，如果人类饮食铅的含量为零，那么人的寿命将过140岁。

(2) 汞：汞这种物质对环境的危害极大。汞及其化合物的毒性很大，由消化道进入体内的汞迅速被吸收并随血液转移到全身各器官和组织，从而引起全身性中毒，无机汞进入人体后可以转化成有机汞，其毒性更大，并通过食物链富集浓缩，人吃了受汞污染的产品会患上肾病、皮炎、神经麻痹障碍、细胞坏死。汞进入人体后，90%沉积在脑组织中，10%在五脏六腑中，沉积在肝脏中的汞超标，就可以造成肝硬化。沉积在肾脏中的汞超标，就可以造成尿毒症。在脑组织中的汞超标，就可以造成痴呆，有些人伴随着帕金森，摇着头、抖着手，有些原因就是汞在脑组织中，让人们的大脑神经传递浮现障碍，让人们脑子里的蓝斑不能正常工作，不能识别高兴、快乐、生气、喜怒哀乐。老人尿失禁，男性尿频、尿急、尿痛、滴滴答答尿。有些大学生跳楼、自杀，有些人抑郁、暴躁。原因就是汞破坏了脑神经的正常传递，使人的行为失去控制，就浮现了各种各样状态，让人的思维发生了改变。

(3) 镉：镉是剧毒元素，在人们的身体中一点没有也不行，太低了会影响消化。在生活中人们的镉是超标的，人们吃的蔬菜、水果，特别是蘑菇里的镉是最多的。新生儿一出生，体内的铅、汞、镉就超标，原因是母亲的血液中是超标的。近几年，全民族都兴起了补钙热潮，可是发现补了很多的钙，却依然是骨质疏松。人们都知道钙不容易被吸收，为什么呢？在人的身体中有一种叫锌的酶，也就是人们常说的补锌，补钙时先补锌，钙就能吸收得好。原因就是人们身体内的镉把锌的酶杀死，补再多的钙，喝再多的骨头汤，它没有产生酶，酶和钙离子需要转换，没有酶，钙离子就转换不了，就进不到骨头里，这样就造成了骨质疏松。长期饮用含镉离子的水，镉离子就会沉积在骨骼中，阻止钙离子的吸收，人体钙离子大量流失，引起骨质疏松、骨折、骨痛、骨骼病变，导致高血压，引起心脑血管疾病，消化道癌、食道癌、肝肾癌等。摄入硫酸镉20mg就可以造成死亡。

(4) 铬：皮肤病都和它有关系，比如牛皮癣、红斑狼疮都是医学解决不了的问题。人们吃的蔬菜水果，饮用的水，汽车的尾气排放，皮革、衣服等都有大量的铬。铬是上色剂，铬很稳定的时候，人们穿的衣服就不掉颜色。铬在五脏六腑是微量的，大量地存在于人们的皮肤上，所以它很容易导致皮肤疾病。很多染布厂、革制品厂的职工都有很严重的

皮肤病。还有女孩子的染发剂，漂的黄颜色、红颜色、粉颜色都含有大量的铬在头皮上。还有脚气，是真菌感染，天天上药，就是不好，是因为铬在那里，把铬排除就好了。铬化合物对人畜机体有全身至毒的作用。六价铬能使人诱发肺癌，鼻中镉导致溃疡和穿孔、咽炎、支气管炎、黏膜损伤等。

(5) 砷：俗称砒霜，砷大量存在于化肥、土壤、杀虫剂、玻璃制品和白色衣物上，它是一种脱色剂。当人们吃了大量的海鲜，再吃含 VC 的食品，就形成了砷。砷 50%沉积在肝脏，这个物质在肝里代谢不出去就可以导致肝硬化。心梗也和它有关系。它能让脏器变异，可以促长自由基的迅速生成。当砷在体内排不掉的时候，可导致帕金森老年痴呆症，原因是它把人们体内的消化酶、分解酶、蛋白酶杀死，就是说人们吃进去的东西，经过分解酶进行第一次解毒，砷把分解酶杀死，这个解毒过程不存在了，毒素直接进入血液循环，血液带毒严重，一系列的问题就出来了，高血压、高血脂等代谢问题。没有一个人敢说自己是健康的，没有一点问题，不是这不舒服了，就是那难受了，这就是砷对微循环的破坏，砷可以沉积在血管壁上，让血管干瘪，造成脏器萎缩，小脑萎缩。小脑萎缩了，人的活动就失衡。

2. WEEE 与 RoSH 指令简述、中国法规及对应措施

1) 环保双绿指令总述

(1) 环保双绿指令。

环保双绿指令包含：欧盟议会及欧盟委员会于 2003 年 1 月正式公布的《报废电子电器设备指令》(WEEE—2002/96/EC，简称《WEEE 指令》)和《关于限制在电子电器设备中使用某些有害成分的指令》(RoHS－2002/95/EC，简称《RoHS 指令》。

(2) 环保双绿指令简述。

《RoHS 指令》和《WEEE 指令》规定纳入有害物质限制管理和报废回收管理的有十大类 102 种产品，前 7 类产品都是我国主要的出口电器产品，包括大型家用电器、小型家用电器、信息和通信设备、消费类产品、照明设备、电气电子工具、玩具、休闲和运动设备、医用设备(被植入或被感染的产品除外)、监测和控制仪器、自动售卖机。

2008 年 12 月 3 日，欧盟发布了 WEEE 指令(2002/96/EC)和 RoHS 指令(2002/95/EC)的修订提案。本次提案的目的是创造更好的法规环境，即简单、易懂、有效和可执行的法规。

RoHS 是由欧盟立法制定的一项强制性标准，它的全称是《关于限制在电子电器设备中使用某些有害成分的指令》(Restriction of Hazardous Substances)。该标准已于 2006 年 7 月 1 日开始正式实施，主要用于规范电子电气产品的材料及工艺标准，使之更加有利于人体健康及环境保护。该标准的目的在于消除电机电子产品中的铅、汞、镉、六价铬、多溴联苯和多溴联苯醚共 6 项物质，并重点规定了铅的含量不能超过 0.1%。

(3) RoHS 指令修订的主要内容。

① 改变法律用词，澄清指令的范围和定义。

② 引入产品的 CE 标志以及 EC 合格声明。

③ 分阶段将医疗器械、控制和监控仪器纳入到 RoHS 指令的范畴。

限制的 6 种有害物质没有变化，但 4 种物质——六溴环十二烷(HBCDD)、邻苯二甲酸(2-乙基乙基酯，DEHP)、邻苯二甲酸丁苄酯(BBP)和邻苯二甲酸二丁酯(DBP)——要求进行优先评估，以便考察将来是否纳入限制物质的范畴。

2）WEEE 指令

(1) WEEE 指令综述。①EEE 规定生产者的责任：设备的使用寿命结束时对其负责；在设备使用寿命结束时承担处理费用。②WEEE 规定相关要求：经济角度和再使用角度出发的设计；废旧电器在使用寿命结束时必须收集、处理以及循环利用；经济责任；生产者要对使用者、处理设备以及相应的机构提供信息。③实施、执行、监测以及处罚由成员国共同决定。

(2) 废弃电子电器设备指令：Article 1－Objectives——目的；Article 2－Scope——范围；Article 3－Definitions——定义；Article 4－Product Design——产品设计；Article 5－Separate Collection——分类收集；Article 6－Treatment——处理；Article 7－Recovery——循环；Article 8－Financing in Respect of WEEE from Private Households——关于家用电器的 WEEE 财政考虑；Article 9－Financing in Respect of WEEE from Users Other Than Private Households——家用电器以外用户的 WEEE 财政考虑；Article 10－Information for Users——用户信息；Article 11－Information for Treatment Facilities——处理设备的信息；Article 12－Information and Reporting——信息和报告；Article 13－Adaptation to Scientific and Technical Progress——科学和技术进步的采用；Article 14－Committee——委员会；Article 15－Penalties——处罚；Article 16－Inspection and Monitoring——检测和监控；Article 17－Transposition——过渡；Article 18－Entry into Force——生效；Article 19－Addressees——收受人。

(3) 当今世界主要环境现状有以下几项：①全球气候变暖；②臭氧层的破坏和消耗；③酸雨；④土地沙漠化；⑤水资源危机；⑥森林被破坏；⑦生物多样性锐减；⑧海洋资源的破坏和污染；⑨持久性的有机污染物的污染。如图 3.8～图 3.14 所示。

图 3.8　全球气候变暖

图 3.9　臭氧层破坏后紫外线对人体及动植物的伤害

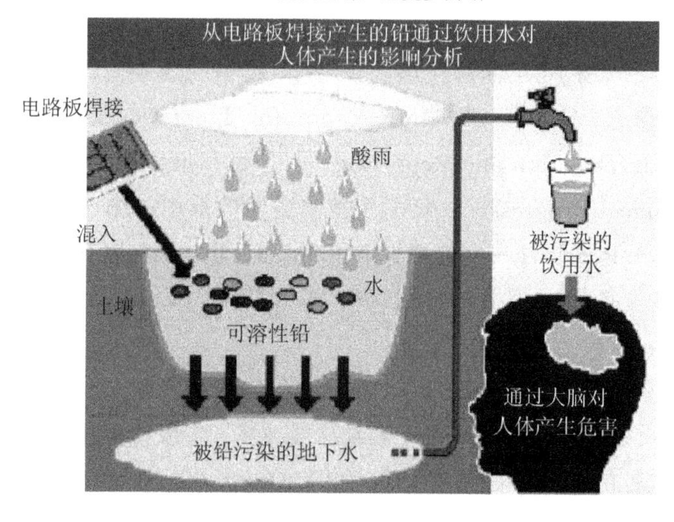

图 3.10　酸雨的形成及对人体的伤害分析

图 3.11　土地沙漠化

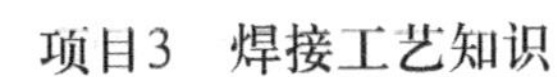

图 3.12　废烟、废气的排放

图 3.13　土地沙漠化

图 3.14　持久性有机污染物的污染

（4）当前电子电器产品现状如下。

① 电子电器设备产量成倍增长。

② 电子垃圾是世界上增长最快的垃圾。

③ 电子垃圾不仅量大而且危害严重。特别是电视、电脑、手机、音响等产品，含有大量对环境和生物体有毒有害的物质。如电视机的显像管、阴极射线管、印制电路板上

的焊锡和塑料外壳等都是有毒物质；电脑的有害物质更多，制造一台电脑需要700多种化学原料，其中50%以上对人体有害，一台电脑显示器中仅铅含量平均就达到1公斤多。

④ 居民处理废弃电子电器设备的费用由谁来承担。日本的方式和欧盟国家有点不同。日本的业者向消费者征收费用，以平衡处理成本。目前日本通常概估的费用如下：电冰箱美金37元、冷气机美金30元、电视机美金22元、洗衣机美金18元。

⑤ 在发达国家，废弃物处理已经成为一个产业。

⑥ "洋垃圾"出口。由于全世界范围内的电子垃圾的数量大得惊人，为缓解本国的环保压力，发达国家往往将废弃物输出到像中国这样的发展中国家。据统计，发达国家电子垃圾中的50%～80%要出口到发展中国家，如美国有60%～80%的废旧电脑及其他废旧电器流入发展中国家，2002年美国约有1275万台电脑报废，其中80%也就是近千万台的电脑垃圾流入亚洲，而大部分进入了中国内地。

⑦ 目前中国面对的"电子洋垃圾"数量巨大。除少数工厂(欧洲工厂的分厂)，大部分工厂均是"小作坊"，管理混乱、污染严重、危害巨大，缺乏必要的设备和经验，对周围环境的破坏相当严重。

(5) 废弃电子电器设备指令和定义。电器和电子设备(EEE)：①正常工作需要依赖电流或者电磁场的设备以及产生、传递和测量电流与磁场的设备；②电压为直流<1000V，交流<1500V。

(6) 废弃电子电器设备指令及范围：A. Large Household Appliances——大型家用电器；Small Household Appliances——小型家用电器；IT、Telecom——IT设备、电信设备；Consumer Equipment——消费者设备；Lighting Equipment——照明设备；Electrical Tools——电气工具；Toys，Leisure and Sport——玩具、休闲及体育器材；Medical Electronics——医疗电子设备；Monitoring and Control Instruments——监视和控制设备；Automatic Dispensers——自动售货机。

3) 欧盟RoHS指令

(1) RoHS指令综述。《关于限制在电子电器设备中使用某些有害成分的指令》(Restriction of the Use of Certain Hazardous Substances in Electrical and Electronic Equipment，RoHS)要求于2006年7月1日起，禁止在欧盟市场销售含有铅、汞、镉、六价铬、多溴联苯及多溴二苯醚6种有害物质的电子电器设备。6种有害物质的最高限量指标是：镉为0.01%(100ppm)；铅、汞、六价铬、多溴联苯、多溴联苯醚为0.1%(1000ppm)。

(2) RoHS指令的内容简介。Article 1－Objectives——目标；Article 2－Scope——范围；Article 3－Definitions——定义；Article 4－Prevention——防止；Article 5－Adaptation to Scientific and Technical Progress——适应科学和技术进步；Article 6－Review——审查；Article 7－Committee——委员会；Article 8－Penalties——惩罚；Article 9－Transposition——过渡；Article 10－Entry Into Force——生效；Article 11－Addressees——收受人。

（3）RoHS指令适用范围。

RoHS针对所有生产过程中以及原材料中可能含有常见的铅、汞、镉、六价铬、多溴联苯及多溴二苯醚6种有害物质的电气电子产品，主要包括日常家电，如电冰箱、洗衣机、微波炉、空调、吸尘器、热水器等；黑家电，如音频、视频产品、DVD、CD、电视接收机、IT产品、数码产品、通信产品等；电动工具，电动电子玩具、医疗电气设备。

指令的内容如下：Large Household Appliances——大型家用电器；Small Household Appliances——小型家用电器；IT、Telecom——IT设备、电信设备；Consumer Equipment——消费者设备；Lighting Equipment——照明设备；Electrical Tools——电气工具；Toys、Leisure and Sport——玩具、休闲及体育器材；Medical Electronics-not Included Reliability Concern——医疗电子设备－不包括考虑可靠性；Monitoring and Control Instruments-not Included Reliability Concern——监视和控制设备－不包括考虑可靠性；Automatic Dispensers——自动售货机；Light Bulbs and Luminaires in Households——家用电灯泡和照明设施。

（4）RoHS指令不适用范围。

① Large－scale Stationary Industrial Tools——大型非移动式工业工具。

② Spare Parts for the Repair of EEE——电子电气设备(EEE)的修理用备件。

③ EEE placed on the market before 1 July 2006 and to replacement components that expand the capacity of and/or upgrade of EEE placed on the market before 1 July 2006——2006年1日前投放市场的电子电气设备(EEE)以及用于对2006年7月1日前投放市场的电子电气设备(EEE)进行扩容或升级的替换性部件。

④ Reuse of EEE placed on the market before 1 July 2006——2006年7月1日前投放市场的电子电气设备(EEE)的再利用部件。

（5）RoHS认证适用国家。欧盟27个成员国：法国、德国、意大利、荷兰、比利时、卢森堡、英国、丹麦、爱尔兰、希腊、西班牙、葡萄牙、奥地利、瑞典、芬兰、塞浦路斯、匈牙利、捷克、爱沙尼亚、拉脱维亚、立陶宛、马耳他、波兰、斯洛伐克、斯洛文尼亚、保加利亚、罗马尼亚。

（6）RoHS对禁用物质使用的规定。禁用物质在使用产品的限制含量见表3－11。(ppm是一个单位，可解释为百万分之一。)

表3－11　各种禁用物质的主要使用产品

物质	使用产品
铅 Lead(Pb)1000ppm	Solders，Termination Coatings，Paints，Pigment，PVC Stabiliser，Batteries——焊料、终端涂层、油漆、颜料、PVC稳定剂、电池
镉 Cadmium(Cd)100ppm	Coatings，Solders，Semiconductors，Contacts，PVC Stabiliser，Pigments——涂料、焊料、半导体、触点、PVC稳定剂、颜料

续表

物质	使用产品
汞 Mercury(Hg)1000ppm	Fluorescent Lamps，Batteries，Sensors，Relays——荧光灯泡、电池、传感器、继电器
六价铬 Hexavalent chromium(Cr+6) 1000ppm	Coatings to Prevent Corrosion(on Zinc or Aluminium or in Paints)，Metalised Plastics——(锌或铝)防腐蚀涂层或油漆、金属钝化涂层
聚溴联苯 Polybrominated Biphenyls (PBB)	Flame Retardant in Certain Plastics (no Longer Produced)——某些塑料(不再生产)中的阻燃剂
聚溴二苯醚 Polybrominated Diphenyl Ethers(PBDE)	Flame Retardant in Certain Plastics (Actually Several Different Products)——某些塑料(实际应用中的几种不同产品)中的阻燃剂

禁用物质的累积链如图 3.15 所示。

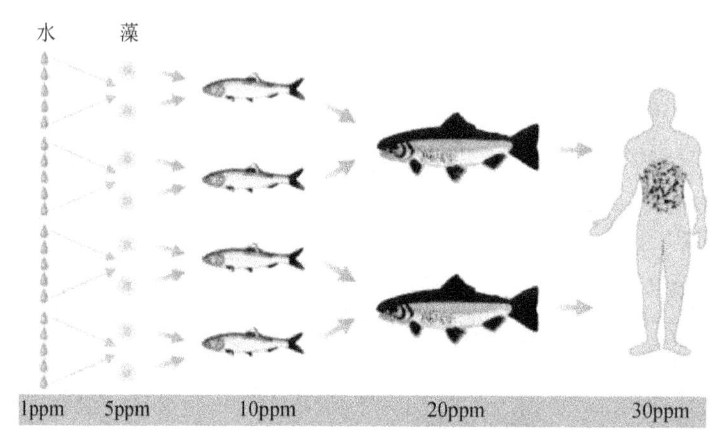

图 3.15 各种禁用物质的累积链

(7) 有害物质的限制指令。

① 铅：玻璃(阴极射线管、电子部件和发光管)；合金(钢<0.35%、铝<0.4%，铜<4%)；高温焊料(铅>85%)、服务器、存储器和存储系统焊料(至 2010 年)，用于交换、信号和传输，以及电信网络管理的网络基础设施设备中的焊料；电子陶瓷产品中的铅(例如，压电元件)。

② 汞：小型日光灯(汞<5mg)；一般用途的直管日光灯(盐磷酸盐<10mg，正常的三磷酸盐<5mg，长效的三磷酸盐<8mg)；特殊用途的直管日光灯中的汞含量；其它照明灯中的汞含量。

③ 镉：91/338/EEC、76/769/EEC 禁止范围以外的镉电镀；硒光电池表面之氧化镉；特定物品中为防腐蚀所使用的钝化金属镉。

④ 六价铬：吸收式电冰箱中碳钢冷却系统防腐用途。

⑤ 阻燃剂：没有豁免。

RoHS 管理架构如图 3.16 所示。

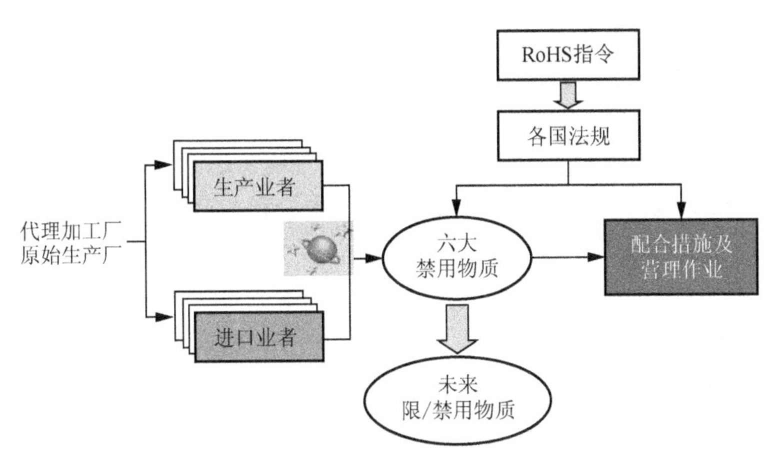

图 3.16　RoHS 管理架构

(8) 合规产品的含义。

① 均质的定义：均质是指“完全均匀的成份”，故“均质材料”的例子可以是单个类型的塑料、陶瓷、玻璃、金属、合金、纸张、板材和树脂，均质材料是无法用机械方法分离为多种材质的单一材料。

② “用机械方法拆散”：是指该材料原则上通过诸如拧松、切削、碾压、打磨和研磨过程的机械动作加以拆分。

③ 2005/618/EC 规定合规产品必须符合以下几个方面。

a. 产品中所含的“均质材料”的 6 种受限物质的含量均不超过“最大浓度值”。

b. 最大浓度值(MCV)：铅、汞、六价铬、聚溴联苯、聚溴二苯醚重量比为 0.1%、镉重量比为 0.01%。

(9) 目前 RoHS 进展情况。

① 公司已经注意到 RoHS 并开始采取应对措施，如 SONY 公司的数码照相机已经在包装盒上声明：本产品采用无铅焊接；采用无铅油墨印刷。

② 产业部 2004 年也出台了《电子信息产品污染防治管理办法》，内容与 RoHS 类似，并于 10 月份成立了“电子信息产品污染防治标准工作组”，研究和建立符合我国国情的电子信息产品污染防治标准体系；开展与电子信息产品污染防治有关的标准研究和修订工作，特别是加快制定产业急需的材料、工艺、名词术语、测试方法和试验方法等基础标准。

③ 2011 年 7 月 1 日，欧盟在官方公报(OJ)上发布了新版 RoHS 指令——指令 2011/65/EU。

④ 作为中国电子电气产品制造企业非常熟悉的一项指令，其出台历程可谓是一波三折。由于修订过程中各方分歧较大，因此这项意欲在 2009 年就出台的修订案一拖再拖。特别是就是否扩大产品范围和受限物质的范围，欧盟内部包括委员会、欧洲议会、理事会、业界、NGO 等都进行了激烈的争论。

⑤ 2011/65/EU 较原 RoHS 指令 2002/95/EU 的不同主要在于以下几点。

a. 扩大产品范围：将所有的电子电气产品都涵盖在指令规管的范围内(包括线缆和

备用零部件)，但是给予了新添入的第8类医疗器械和第9类监视和控制仪器(包括工业监控仪器)一定的过渡期，此外，还针对这两类产品给出20项的豁免(列于附件IV中)。

b. 理清部分定义。

c. 管控物质的范围未扩大，还是维持原有的6种物质的原限量要求，但是提出在今后的审查过程中，要对包括DEHP等在内的物质优先进行考察，为指令今后扩大管控物质的范围铺路。

d. 删除其中的生产商(Producer)规定，而添入"制造商"(Manufacturer)、"授权代表"(Authorised Representative)、"进口商(Importer)"、"经销商"(Distributor)的定义，并对其职责进行明确的界定。

e. 规定产品需贴附CE标志及CE标志的相关事宜。

本指令将在发布于OJ后第20日起生效，成员国需要在2013年1月2日前将其转化为本国法律。

2011/65/EU的发布给中国的电子电气产品制造企业带来一定的影响，特别是由于将医疗器械类产品、监视和控制仪器产品列入规管的范围，因此对这两类制造企业的影响将是非常巨大的。

⑥ 此外，由于电子电气产品上需要贴附CE标志。因此，对业界符合指令的要求，也将是一个巨大的挑战。

4) 中国RoHS概述

(1) RoHS对我国电子产业的影响。

① 根据中国电器工业协会的最新数据，2004年一季度，我国机电产品出口在我国出口中所占比重达55%。而欧盟已经成为中国机电产品出口的主要市场。由于中国厂商环保理念和工艺水平的落后，RoHS指令使得将近270亿美元的中国机电产品面临欧盟的环保壁垒。

② 中国政府一直在给以密切关注和研究对策，国务院专门责成信息产业部负责针对欧盟环保指令的研究和应对工作。信息产业部根据《清洁生产促进法》和《固体废物污染环境防治法》等有关法规制定的《电子信息产品污染防治管理办法》已经完成，并于2005年1月1日起施行。

③《电子信息产品污染防治管理办法》规定，自2006年7月1日起，列入电子信息产品污染重点防治目录中的电子信息产品中不得含有铅、汞、镉、六价铬、聚合溴化联苯乙醚和聚合溴化联苯及其他有毒有害物质。对于2006年7月1日以前的一段时间，中国政府要求电子信息产品制造商实行有毒有害物质的减量化生产措施，并积极寻找可替代品。

④ 同时，一个名为"电子信息产品污染防治标准工作组"的机构也已经开始筹备成立，该机构的主要任务是研究和建立符合中国国情的电子信息产品污染防治标准，开展与电子信息产品污染防治有关的标准研究和制定工作，特别是加快制定急需的材料、工艺、测试方法和实验方法的基础标准。

(2) 法律依据。中华人民共和国信息产业部，中华人民共和国国家发展和改革委员会，中华人民共和国商务部，中华人民共和国海关总署，中华人民共和国国家工商行政管理总局，中华人民共和国国家质量监督检验检疫总局，中华人民共和国国家环境保护总局联合会签了《电子信息产品污染控制管理方法》(第39号)。

(3) 适用范围。在中华人民共和国境内生产、销售和进口电子信息产品过程中控制和减少电子信息产品对环境造成污染及产生其他公害，适用本办法。但是，出口产品的生产除外。

(4) 摘要内容。电子信息产品在设计、生产和销售过程中应当符合电子信息产品有毒、有害物质或元素控制国家标准或行业标准，分两阶段施行。

① 第一阶段投放市场的电子信息产品上应标识环保使用期限，标识其中含有的有毒、有害物质或元素名称、含量、所在部件及其可否回收利用等；电子信息产品包装物上，应标注包装物材料名称。可按照标准SJ/T 11363—2006、SJ/T 11364—2006、SJ/T 11365—2006、GB 18455—2001的要求进行。

② 第二阶段：①进入重点管理目录(制定中)的产品必需确保产品中有毒有害物质已被替代，或含量不超过限量标准且通过强制性产品认证(CCC认证)；②欧盟RoHS体系与中国RoHS体系在具体执行上有不同：欧盟做法是首先立法禁止电子产品含有6种有害物质，然后列出一系列暂时超标的种类，等以后技术条件成熟了再移出这个目录。中国是反过来的：一旦某个产品技术条件成熟就放入目录，在目录内的产品是不能超标的。

(5) 中国环保法规动向。

① 利用国际的WEEE指令建立“废旧家电及电子产品回收处理体系”。主管部门为国家发展和改革委员会环境和资源综合利用司。颁布日期未定。

经国务院批准，国家发展和改革委员会已经确定浙江省、青岛市为国家废旧家电及电子产品回收处理体系建设试点省市。开展试点旨在建立规范的废旧家电及电子产品回收处理体系，为制定相关政策法规和标准提供经验，促进循环经济发展。

② 利用国际的RoHS指令颁布《电子信息产品污染控制管理办法》。基本框架：由信息产业部起草，质监总局、商务部、工商总局、环保总局等七部委以部长令的形式发布。颁布日期为2006年2月28日。核心内容如下。

a. 电子信息产品的设计和生产需要采用环保和便于再利用的方案。

b. 电子信息产品进入市场需要标注有毒有害物质名称与成分、安全使用期限、是否可回收的标志。

c. 进入管理目录的电子信息产品将被禁止使用6种有害物质。

同时纳入强制性产品认证(CCC)管理。

③ 实施时间表：2007年3月1日起实施。

5) RoHS符合性

(1) 国内符合性总述。生产绿色环保产品是国际环境保护大趋势下的产物，展示产品的RoHS法规符合性、建立RoHS符合性管理体系是企业发展，走向国际市场，适应国

际、国内绿色消费浪潮的必要前提。

(2) RoHS法规符合性。除非当局有要求，否则不要求提供关于符合RoHS指令的证据。

① 但顾客可能要求声明符合该指令。

② 目前尚无标准格式。

③ 没有供用于显示合规的标准程序。

④ 大多数情况下，没有作为分析依据的标准。

(3) RoHS指令限制6种物质的使用，但没有规定下列内容：①制造商如何遵守；②关于市场监察的要求。

(4) 国际符合性的相应措施如下。

① SONY公司于2002年推行GP绿色伙伴认定。

② JGPSSI(Japan Green Procurement Survey Standardization Initiative)：2002年SONY、理光、JVC、先锋、松下、东芝、佳能、富士、三菱、精工等18家日本企业成立“绿色采购调查统一化协议会”组织联合推行环保。

③ SONY GP计划及SS-00259。

④ MATSUSHITA：化学物质管理等级准则。

⑤ RICOH：绿色采购标准。

⑥ NOKIA REQUIREMENT FOR RoHS。

⑦ MOTOROLA：材料和方法标准12G02897W18。

⑧ PHILIPS：AR17-5051-126。

⑨ MICROSOFT：供应链计划及H00594。

⑩ SONY对本公司产品禁用物质含量的使用见表3-12。

表3-12 SONY公司对本公司产品禁用物质含量的使用

Substance or Group Name	Limit	Method Used & Regulation
Cd(镉和镉其化合物)	<5ppm	EN1122-2001，91/338/EEC
Pb(铅和铅其化合物)	100ppm	US EPA 3050B
Hg(汞和汞其化合物)		US EPA 3052
Cr6+(六价铬化合物)		US EPA 3060A&7196A
PBB(聚溴联苯)		83/264/EEC
PBDE(溴联苯醚)		83/264/EEC
PCBs(多氯联苯)		USEPA8082，89/677/EEC
PCN(多氯奈)		
氯化石蜡(C10-C13)		
Mirex(灭蚁灵)		

续表

Substance or Group Name	Limit	Method Used & Regulation
聚氯乙烯(PVC)		
Asbestos(石棉)		83/478/EEC　91/659/EEC
Pb+Cd+Hg+Cr6+	<100ppm	US EPA 3050B US EPA 3052 EN1122 US EPA 3160A US EPA 7196A

6）RoHS 第三方认证

（1）RoHS 测试原则。

根据欧盟 WEEE&RoHS 指令要求，AOV 是将产品根据材质进行拆分，以不同的材质分别进行有害物质的检测。一般来说有以下几种情况。

① 金属材质需测试 4 种有害金属元素，如 Cd(镉)、Pb(铅)、Hg(汞)、Cr6+(六价铬)。

② 塑胶材质除检查这 4 种有害重金属元素外，还需检测溴化阻燃剂(多溴联苯 PBB、多溴联笨醚 PBDE)。

③ 对不同材质的包装材料也需要分别进行包装材料重金属的测试(94/62/EEC)。

以下是 RoHS 中对 6 种有害物规定的上限浓度。

镉：小于 100ppm。

铅：小于 1000ppm。

钢合金：小于 3500ppm。

铝合金：小于 4000ppm。

铜合金：小于 40000ppm。

汞：小于 1000ppm。

六价铬：小于 1000ppm。

（2）RoHS 第三方认证。

① 常见的认证方式如下。

a. 欧洲认证：CE、RoHS、GS、VDE、BSI、TUV-Mark 认证等。

b. 美洲认证：FCC、FDA、UL、ETL、IC、CSA 认证等。

c. 亚洲认证：PSE、VCCI、KC Mark、CCC、BSMI 认证。

d. 澳洲认证：C-Tick、SAA 认证。

e. 非洲认证：SONCAP、SABS 认证。

f. 国际认证：CB 认证。

② 中国常见的 RoHS 认证机构：UTS 优联检测；PONY 谱尼测试；CTI 华测；EPRE 赛宝认证中心，IECQ QC080000 认证；宁波大生检测(DST)可提供专业的 CCC、

CE、CB、GS、UL、FCC、VDE、COC、SASO、RoHS、REACH、CSAWatermark、Kiwa 等产品的国内和出口认证；立讯检测实验室(LCS)。

③ 国际 RoHS 认证机构：德国 TUV；瑞士 SGS、GPMS 认证；法国 BV；英国 NPS ITS；美国 UL。

④ RoHS 发证机构：德国 TUV；瑞士 SGS；法国 BV；英国 NPS ITS；美国 UL；中国 CQC。

(3) 常用的 RoHS 检测方法。

① 阴离子：英蓝技术离子色谱法。采用氧弹燃烧、英蓝技术处理之后，直接进入离子色谱进行分析。

② 阳离子及其价态：采用英蓝阳离子色谱法、离子选择电极法、原子吸收法均可检测确定阳离子元素价态可采用伏安极谱法进行分析，检测方法可以参考 IEC62321。2008 电子电气产品中 6 种限用物质浓度的测定程序如下。

a. 首先用 XRF 进行无损筛选，快速高效，非破坏性，成本低。但干扰因素多，误差较大。

b. 微波消解、酸消解后利用 AAS 或 ICP－AES 测定 Pb、Cd、Hg 浓度。

c. 索氏提取后用 GC—MS 测定多溴联苯、多溴联苯醚等的浓度。

d. 利用点测试法或沸水萃取法测定无色表层 Cr6＋的浓度，或是用紫外可见光分光光度计按 EPA3060A 测试。

(4) RoHS 标样。

① RoHS 校准标样概述：RoHS 校准标样包括受 RoHS 指令限制的元素：汞、铅、镉以及溴和铬，溴和铬分别代表 PBDE/PBB 和 6 价铬这两种限制物质。标样还包括六种通常被用作聚烯烃添加剂或填充剂的元素：砷、氯、锑、锡、锌和硫。

② 标样提供公司介绍如下。

a. RoHS 新校准标样介绍：美国加联推出新的 RoHS 校准标样，为满足全球正在推行的各种 RoHS 指令的要求提供了完整的解决方案。开发了用于 X 射线荧光(XRF)分析的 RoHS 校准标样，可以保证广泛含量范围内(从低 ppm 到低百分比)分析的最高准确度和精度。此外，从成分来看，新校准标样与欧盟官方标样最接近。RoHS 校准标样非常适用于分析烯聚合物及其他聚合物，使美国加联可以为创新行业提供更多符合 RoHS、WEEE 和 ELV 等环保法规要求的解决方案。

b. 校准标样的功能：使用这些标样可以根据精确的化学含量对测量出的 XRF 强度进行校准。通过这样的校准，能够以最大准确度和精确度确定未知聚合物样品的成分。

c. 公司提供标样的优点：美国加联提供的标样元素分布同质性极高，而且由于标样中的各种元素含量经过精挑细选且不具关联性，因此可以准确确定谱线重叠校正系数。校准标样程序包包含 4 个多元素聚乙烯标样(每个标样的元素含量和重复项各不相同)和一个空白样。

3. 无铅制程的导入

1）无铅的介绍

（1）无铅的定义。

电子生产设备和组件所使用的材料或成品中所含铅的含量小于或等于0.1wt，或者符合欧盟2002/96/EC指令所规定的具体要求。

（2）对无铅含义的分析。

① 无铅是一个广义的叫法，不光是电子设备中铅的含量等于或小于相应法规的要求，而是泛指同铅一样有害物质的含量都要符合WEEE或者RoHS指令的要求。

② 无铅也不是100%的不含铅。

（3）无铅产品的定义。

产品必须符合欧盟RoHS(有害物质限制)的规定，不含有铅、镉、汞、六价铬等重金属及PBB和PBDE等溴化物阻燃剂。可见无铅产品并非是不含铅元素。由符合RoHS的材料制成的产品为无铅产品。

（4）无铅焊料定义。

① 目前国际上公认的电子产品中无铅焊料定义是以Sn为基体，添加了Ag、Cu、Sb、In及其他合金元素，Pb＜1000ppm，Cd＜20ppm，主要用于电子组装的软焊料合金。

② 无铅焊料并不意味着焊料中100%的不含铅，无铅PCB为沉金板(焊盘一般为金黄色)，有铅PCB为喷、锡板。

2）无铅与有铅材料的区分

（1）无铅和有铅材料(锡条、锡线、锡膏、PCB板)就产品本身来讲从外观上很难有明显的区别，一般供应商来料时在标签或本体上注明所含的不同合金成分，其区别一般如下：

① 锡条(与助焊剂配套使用)印字不一样，其中有铅锡条的印字为“63/37”，表示其成分为Sn/Pb，无铅锡条为“96.5/3/0.5”，此表示其成分为Sn/Ag/Cu。

② 助焊剂(与锡条配套使用)包装瓶印字不一样，其中无铅助焊剂的字样印字为“无铅”。

③ 锡线：就目前送样来看，无铅锡线的塑胶支架为绿色，有铅锡线支架为蓝色；在支架上皆贴有其成分贴纸，其中有铅锡线印字为“63Sn/37Pb”，无铅印字为“96.5Sn/3.0Ag/0.5Cu”。

④ 锡膏：产品型号不同，如有铅的型号为TF－1017，无铅为TF－2600；外包装的标签上“Alloy”(合金)栏所写内容不一样，有铅为“63Sn /37Pb”，无铅为“Sn96.5/Ag3/Cu0.5”。

⑤ PCB：锡板(焊盘一般为白色)。(注：此处无铅以“96.5 Sn 3.0Ag 0.5Cu”为例，其他不同合金成分的无铅材料以实物为主。)

（2）制程区别：①SMT制程，无铅制程与有铅制程对回流炉炉温要求不同，无铅炉温比有铅炉温要求稍高约30℃；②波峰炉制程，无铅制程与有铅制程对波峰焊要求不同，无铅对预热、波峰温度要求比有铅稍高，并对降温速度要求也较高，要求出炉后即时降温。有铅、无铅物料(锡条、锡线、锡膏、松香、PCB)对照表见表 3-13。

表 3-13　有铅、无铅物料(锡条、锡线、锡膏、松香、PCB)对照表

有铅物料	无铅物料
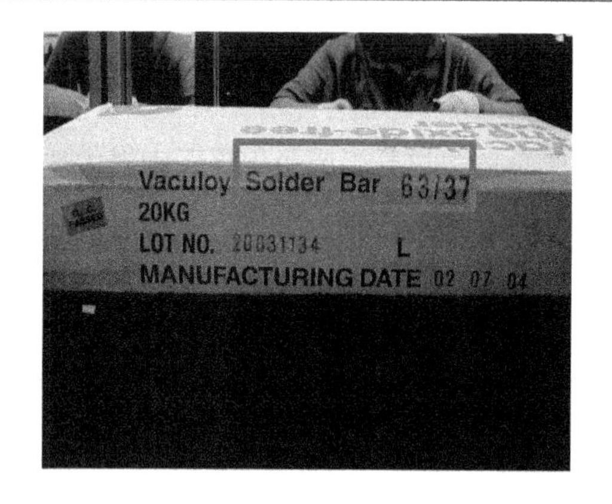 有铅锡条外包装	 无铅锡条外包装
 有铅锡条	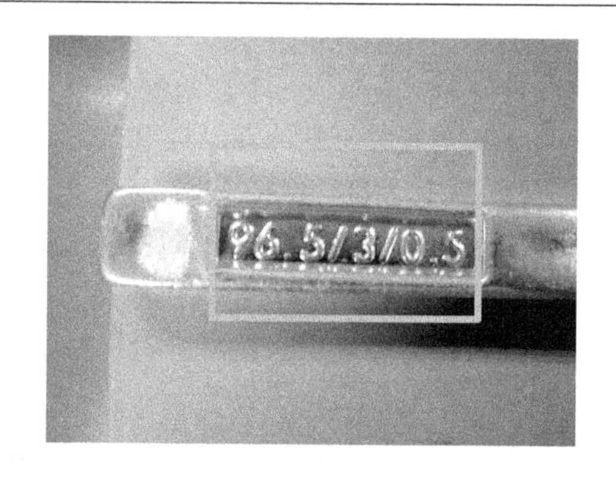 无铅锡条
 有铅锡线标示(63Sn/37Pb)	 无铅锡线标示(96.5Sn/3.0Ag/0.5Cu)

续表

有铅物料	无铅物料
 有铅锡线	 无铅锡线
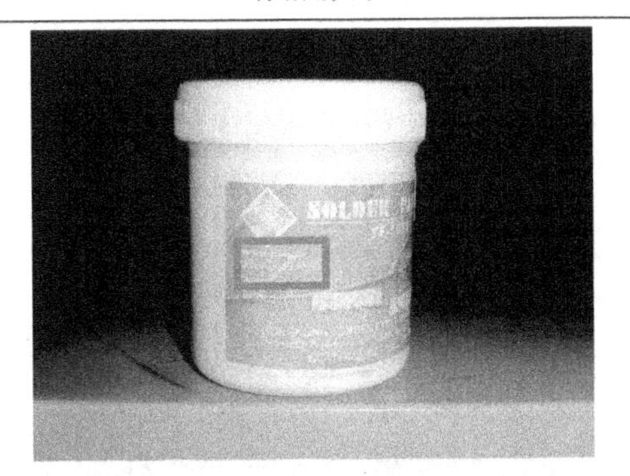 有铅锡膏(Alloy：63Sn/37Pb)	 无铅锡膏(Alloy：Sn96.5/Ag3/Cu0.5)
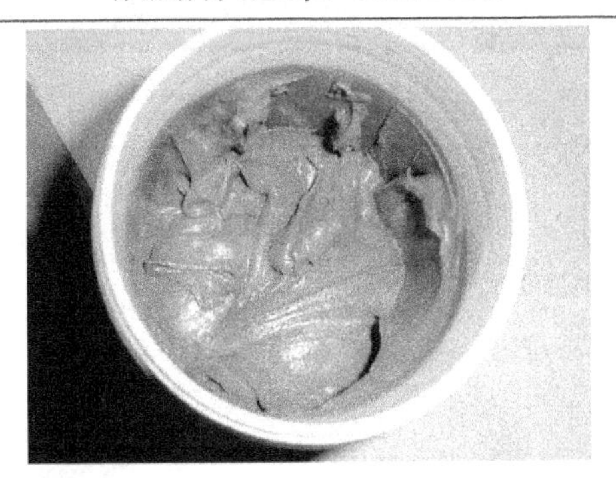 有铅锡膏	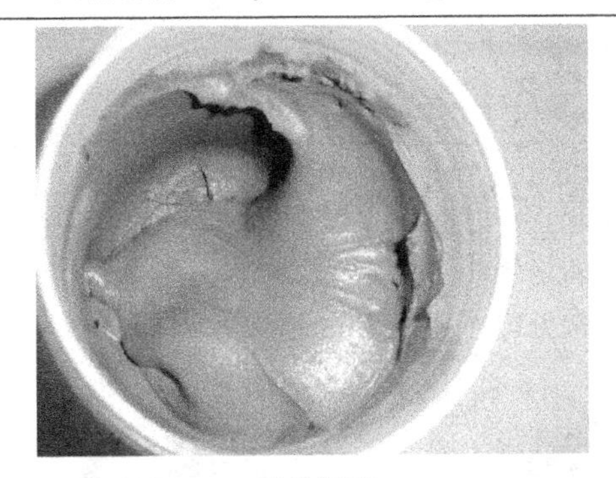 无铅锡膏
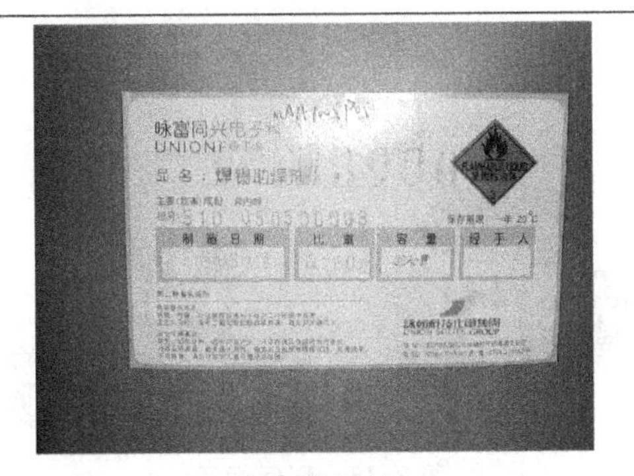 有铅助焊剂	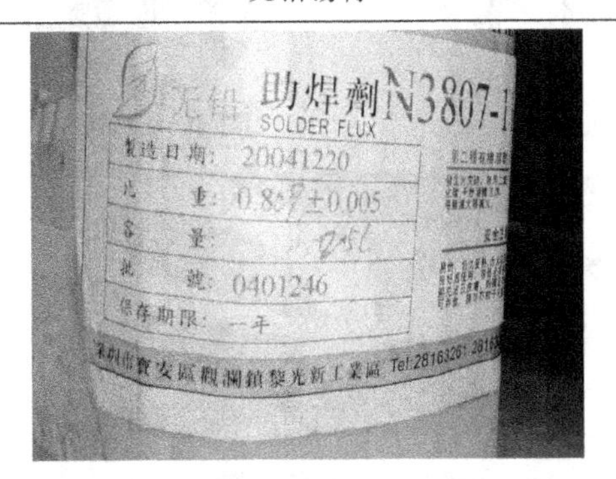 无铅助焊剂

续表

有铅物料	无铅物料
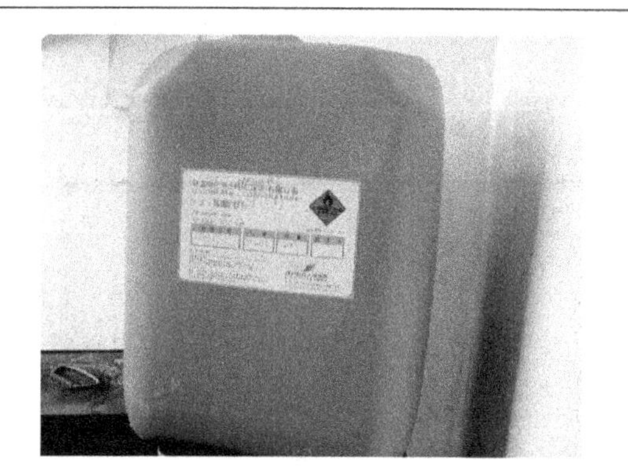 有铅助焊剂	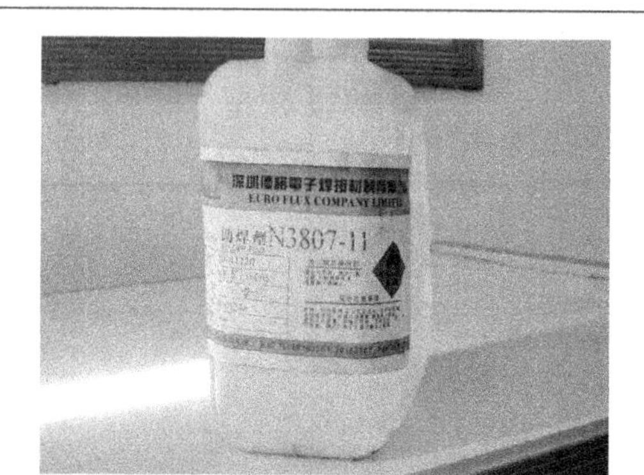 无铅助焊剂
 有铅 PCB	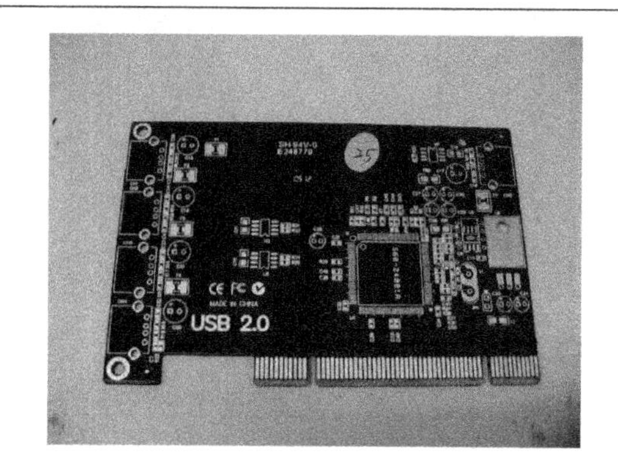 无铅 PCB

3）环保标示

无铅标示如图 3.17 所示。

常见电子电气产品环保标识如图 3.18 所示。

图 3.17　无铅的标示

图 3.18　环保标示

无铅标示方式如下：

(1) 生产线将无铅生产线用的所有工具、机器、设备、物料、元器件盒及无铅制程所生产的产品标贴无铅标示，设备标示规格为 22mm×25mm、220mm×250mm。

(2) IQC 监督所有厂商所交××公司的无铅材料外包装上均必须贴有无铅标示。

(3) 采购部负责要求所有厂商交付给××公司的无铅材料外包装上均必须贴有无铅标示，logo 规格为 22mm×25mm。

(4) 生产计划科要求厂商所送的无铅锡膏、无铅锡棒、无铅锡丝、无铅助焊剂、无铅清洗溶剂的包装上均必须有无铅标示。

(5) 工程部负责无铅专线标识牌设计、制作，协助生产计划科悬挂所有无铅标识牌等。

(6) 生产计划科负责无铅专线用斑马线界定并于无铅专线上方悬挂无铅专线标示牌。

4) 无铅制程的要求

(1) 组件：有害物质焊量符合 RoHS 规定，而且组件焊接引脚镀层也要无铅。根据 RoHS 指令，可采用材料取代的方式，以不受限制的材料来取代指令中禁用的材质。由于无铅焊料比 Sn63/Pb37 的熔点焊料高，所以要求组件必须耐高温。

(2) PCB：要求 PCB 板的基础材料耐更高的温度，焊接后不变形，表面镀覆的无铅合金材料与组装焊接用无铅焊料兼容，而且要考虑低成本。

(3) 助焊剂：要求活性更强和润湿性更好，以满足无铅焊接的要求。助焊剂要与焊接预热温度和焊接温度相匹配，而且要满足环保的要求。迄今为止，实际测试证明免清洗助焊剂用于无铅焊料焊接更好。

(4) 焊料：有害物质含量符合 RoHS 规定，热传导率和导电率比 Sn63/Pb37 的稍高或相当。具有良好的润湿性，形成的焊点要有足够的机械强度和抗热老化性能。目前以锡银铜(SAC)合金为主流。

(5) 焊接设备：①要适应高温焊接要求，预热区要加长或更换新的加热组件，其焊槽结构和传动装置都要适应新的要求。为提高焊接质量和减少焊料的氧化，必要时可采用抑制焊料氧化技术(例如 N2)保护。②无铅焊料的实用化进程是否顺利，与焊接设备制造商、焊料制造商、助焊剂制造商和元器件制造商四者间的协调作用有很大的关系，其中只要有一个配合不好，就会对推广应用无铅焊料产生障碍。

5) 无铅制程的建立

(1) 材料：所有材料(包括电子组件、机构组件、包装材料、生产辅料、焊接材料等)必须符合无铅产品定义。

(2) 回流焊：由于熔化温度高出有铅 20～30 ℃，对制造工艺有重要影响，需要专用无铅回流焊炉。

(3) 波峰焊：焊接温度高出有铅 10 ～20 ℃，对制造工艺有重要影响，需要专用无铅锡炉。

(4) 对 AOI 检测的影响：由于无铅焊点表面暗淡，自动光学检测系统可能需要重新校对。

(5) 对 ICT 检测影响：由于无铅焊剂的影响，无铅焊点接触电阻比有铅时增大，因此探针头改换为更尖锐的类型以增大接触力度。但是这有可能损伤焊点，因此要特别注意。同时由于无铅焊点表面粗糙而加剧探针磨损。因此，要求加强对针床的维护工作。

(6) 焊点外观：无铅焊点表面灰暗、不平整，不如含铅焊点光亮平滑，但是这并不影响组装质量。

(7) 对制造设备、夹具、检测仪器的影响由于无铅焊接温度提高，因此对焊接设备(包括电烙铁)的材质提出了更高的耐温度要求。凡是已经接触过有铅产品对制造设备、夹具、检测仪器都不能用于无铅产品生产，以防止对无铅产品造成污染。

(8)无铅焊接工艺的 5 个步骤。目前，关于无铅焊接材料和无铅焊接工艺的信息已经很多，对于需要开发无铅焊接工艺的工厂来说，正确地选择这些信息，并把它们有机地组合起来就非常重要。要开发一条健全的、高合格品率的无铅焊接生产线，需要进行仔细地计划，并要为计划的实施作出努力以及严格的工艺监视以确保产品的质量和使工艺处于受控状态。这些控制与许多的改变有关，如材料、设备、兼容问题、污染问题、统计工艺控制(SPC)程序等。采用无铅焊接材料，对焊接工艺会产生严重的影响。因此，在开发无铅焊接工艺中，必须对焊接工艺的所有相关方面进行优化。Georze Westby 关于开发无铅焊接工艺的五步法有助于无铅焊接工艺的开发和工艺优化。

① 选择适当的材料和方法内容如下：

a. 在无铅焊接工艺中，焊接材料的选择是最具挑战性的。因为对于无铅焊接工艺来说，无铅焊料、焊膏、助焊剂等材料的选择是最关键的，也是最困难的。在选择这些材料时还要考虑到焊接元器件的类型、线路板的类型，以及它们的表面涂敷状况。选择的这些材料应该是在自己的研究中证明过的，或是权威机构或文献推荐的，或是已有使用的经验。把这些材料列成表以备在工艺试验中进行试验，以对它们进行深入的研究，了解其对工艺各方面的影响。

b. 对于焊接方法，要根据自己的实际情况进行选择，如元器件类型，表面安装元器件、通孔插装元器件；线路板情况；板上元器件多少及分布情况等。对于表面安装元器件的焊接，需采用回流焊的方法；对于通孔插装元器件，可根据情况选择波峰焊、浸焊或喷焊法来进行焊接。波峰焊更适合于整块板(大型)上通孔插装元器件的焊接；浸焊更适合于整块板(小型)上或板上局部区域通孔插装元器件的焊接；局喷焊剂更适合于板上个别元器件或少量通孔插装元器件的焊接。另外，还要注意的是，无铅焊接的整个过程比含铅焊料的要长，而且所需的焊接温度要高，这是由于无铅焊料的熔点比含铅焊料的高，而它的浸润性又要差一些。

c. 在焊接方法选择好后，其焊接工艺的类型就须确定。这时就要根据焊接工艺要求选择设备及相关的工艺控制和工艺检查仪器或进行升级。焊接设备及相关仪器的选择与焊接材料的选择一样，也是相当关键。

② 确定工艺路线和工艺条件：在第一步完成后，就可以对所选的焊接材料进行焊接工艺试验。通过试验确定工艺路线和工艺条件。在试验中，需要对列表选出的焊接材

料进行充分的试验，以了解其特性及对工艺的影响。此步的目的是开发出无铅焊接样品。

③ 开发健全焊接工艺：它是对第二步在工艺试验中收集到的试验数据进行分析，进而改进材料、设备或改变工艺，以便获得在实验室条件下的健全工艺。在这一步还要弄清无铅合金焊接工艺可能产生的沾染如何预防、测定各种焊接特性的工序能力(CPK)值，以及与原有的锡/铅工艺进行比较。通过这些研究，就可开发出焊接工艺的检查和测试程序，同时也可找出一些工艺失控的处理方法。

④ 需要对焊接样品进行可靠性试验：以鉴定产品的质量是否达到要求。如果达不到要求，需找出原因并进行解决，直到达到要求为止。一旦焊接产品的可靠性达到要求，无铅焊接工艺的开发就获得成功，这个工艺就为规模生产做好准备，现在就可以从样品生产转变到工业化生产。此时，仍需要对工艺进行监视以维持工艺处于受控状态。

⑤ 控制和改进工艺：无铅焊接工艺是一个动态变化的过程。工厂必须警惕可能出现的各种问题以避免出现工艺失控，同时也还需要不断地改进工艺，以使产品的质量和合格品率不断得到提高。对于任何无铅焊接工艺来说，改进焊接材料以及更新设备都可改进产品的焊接性能。

6）工厂无铅制程的控制指引

(1) 目的。确保无铅产品实现的每个过程的状态和类别得到识别，防止不同类别、不同状态的原材料、半成品、成品的误用；指出无铅环保产品的流程及生产注意事项。

(2) 范围。所有无铅环保原材料、半成品和成品的标识和流程作业及注意事项。

(3) 权责。

① 采购部：物料的无铅环保转换，供货商提供物料的环保检测报告及保证书的收集。

② 品管部：无铅环保原材料及成品检验，可靠性测试，无铅生产流程的监控。

③ 生产部：生产过程中物料及产品状态或类别的标识和记录，无铅工具辅料工艺的使用确认。

④ PMC部：原材料、半成品和成品储存的标识和收发记录。

⑤ 工程部：无铅样板的测试确认，无铅工艺各设备工具的设置确认，各技术参数的设定标准。

(4) 定义。此指引内的无铅不仅指不含有铅，还包括其他的被禁止使用的原料(汞、镉、六价铬、聚溴联苯(PBBs)、溴联苯醚(PBDEs))。

(5) 工作内容。

标识及流程如下。

① 采购步骤如下：

a. 通知供货商无铅环保料的标准及来料以最小包装单位标识。

b. 供货商提供样品、各类检验报告。

c. 工程部无铅样品的检验确认。

d. 对于特殊的物料或供货商，采购应组织工程品质部门对供货商的无铅生产流程进行审核确认。

② 进料及出料步骤如下。

a. 物料进货仓时，以其外包装的标识作为产品的标识。

b. 收货人员将收到的物料存放在指定无铅环保物料收货区域，待检验。

c. IQC 需确认检验的物料上是否贴有无铅物料标签，并在检验报告上标明无铅物料及检验方式结果，无铅的检验工具需无铅专用，不可混用。

d. 检验确认后的物料盖有"IQC LF PASS"章并需存放在无铅环保物料专用放置区域，对于 NG 的物料存放在指定的无铅环保物料专用退货放置区域。

e. 生产线物料员在领取无铅物料时需要与仓管员共同确认 BOM P/N 及描述需求。

③ PCB 操作步骤如下：

a. SMT：无铅锡膏需存放在冰箱内无铅锡膏专用存储区域，具体见《锡膏存储使用管理规定》；无铅机型的钢网上需贴有无铅专用钢网标签，且无铅机型的钢网要与有铅机型的钢网分开放置；无铅机型所使用的烙铁及刮刀等工具需无铅专用，并贴有无铅专用标签；回流焊的无铅焊接技术设定标准由工程部和 SMT 工程师共同制定并跟进负责；SMT 出的 WIP 至插件修补焊时，在周转箱上标识有铅产品或无铅产品；品管部 IPQC 巡检确认各无铅作业流程，并记录入《无铅制程检查清单》。

b. 插件及波峰焊拉：确认无铅物料符合 BOM 及 WI 要求；无铅物料及工具盒上需贴有无铅物料标识；插件完的板需在周转箱上标识"无铅专用"；无铅焊接参数由技术员设定确认并记录；所有的无铅波峰焊工具需放置在指定位置，贴有"无铅专用"并只能用于无铅波峰焊上，不可与有铅波峰焊工具混用；使用前确认无铅波峰焊应使用无铅专用助焊剂及无铅锡条，切勿与有铅焊接辅料混用；过完波峰的半成品需放置在"无铅半成品放置区"；品管部 IPQC 巡检确认各无铅作业流程，并记录入《无铅制程检查清单》。

c. 修补焊：使用专用的修补焊无铅生产线；确认无铅物料符合 BOM 及 WI 要求；无铅焊接工具需贴有"无铅专用标识"，并放置于指定区域。无铅焊接工艺操作前需确认：此工位使用的是"无铅专用烙铁"，此工位使用的是"无铅专用锡线"，此工位烙铁温度达到无铅焊接所需求的温度。修理位同样需使用"无铅专用烙铁"及在指定区域返修。WIP 周转箱上需贴上"无铅专用"标识。品管部 IPQC 巡检确认各无铅作业流程，并记录入《无铅制程检查清单》。

④ 组装步骤如下：

a. 确认无铅物料符合 BOM 及 WI 要求。

b. 无铅焊接工具需贴有"无铅专用"标识，并放置于指定区域。

c. 无铅焊接工艺操作前需确认：此工位使用的是"无铅专用烙铁"，此工位使用的是"无铅专用锡"，此工位烙铁温度达到无铅焊接所需求的温度。

d. 修理位同样需使用"无铅专用烙铁"及在指定区域返修。

e. 组装完的成品及 WIP 周转箱上需贴上"LEAD FREE"标识。

f. 品管部 IPQC 巡检确认各无铅作业流程，并记录入《无铅制程检查清单》。

⑤ 包装步骤如下：

a. 确认无铅物料符合 BOM 及 WI 要求。

b. 包装完的成品在外卡通箱上需贴上“LEAD FREE”无铅标签。

c. 品管部 IPQC 巡检确认各无铅作业流程，并记录入《无铅制程检查清单》。

⑥ QA 检验步骤如下：

a. 检查确认是否符合无铅产品标准。

b. 产品在生产过程中的“CHECK LIST”各要求是否正确并由 QA 部保存。

c. 可靠性测试报告。

⑦ 成品入库及出货步骤如下。

a. 确认包装外卡通上有“LEAD FREE”标签。

b. 放置于货仓指定的无铅产品区域。

4. 无铅研究与发展状况

1）无铅焊料研究状况

（1）常用无铅焊料成分。

① Zn 可降低 Sn 的熔点，若 Zn 增加高于 9%后，熔点会上升，Bi 跟着降低，但随着 Bi 的增加，其脆性也会增大。此类是目前最常用的一种无铅焊料，它的性能比较稳定，各种焊接参数特性接近有铅焊料。

② In 可使 Sn 合金的液相线和固相线降低，但是它存在耐热疲劳性、延展性、合金变脆性、加工性差等缺陷，所以目前很少使用此配方。

（2）无铅焊料的特性。

无铅焊料的特性 vSn-Ag-Cu 溶点(217℃)较高，高温(260℃±3℃)即可。无铅产品是绿色环保先锋，有益人类身心健康，没有腐蚀性，流动性差。无铅焊接需要面对的问题是合金本身的结构，使它跟铅焊料相比，比较脆、弹性不好，Sn-Zn 合金的液相线和固相线的熔点会增高，但随着 Bi 的质量分数的增大，焊料的熔化间隔即固液间隔增大，所以 Bi 就会使合金熔点降低、脆性也比有铅增大。浸润性差，只会扩张，不会收缩，Sn-Ag 系合金添加 Cu 时，共晶点会改变。当 Ag 的质量分数增加 4.8%，Cu 色彩暗淡，光泽度稍差，在无铅焊料的搭配中，磷元素限制使用，所以光泽度稍差，但并不影响其他质量问题。锡桥、空焊、针孔等不良率有待降低，此类缺陷多存在于有铅焊料，但是并不是无法解决的问题。助焊剂的种类质量选购比有铅要严格，预热器恒温要稳定。波峰的焊接时间、接触面、PCB 板的温度等要求更高，如第一波峰焊接时间 1～1.5s，接触面积为 10～13mm；第二波峰焊接 2～2.5s，接触面积为 23～28mm 左右，板面温度不能超过 140℃。所以无铅焊料对于设备性能要求高，特别是双波峰的距离，如果设计得很近，会造成板面的温度增高，损坏元器件和增加了助焊剂挥发、锡桥等缺陷的产生。

（3）积极开发无铅焊料的学术组织。

美国国家制造科学中心(Natl. Center for Manufacturing Sci.，NCMS)；国际锡金属研究学会(International Tin Research Institute，ITRI)；瑞典生产工程研究学会(Swedish Inst. of Production Engng Research)；日本电子封装学会(Japan Institute of Electronic Packaging)；欧洲 Soldertec 和 NPL。

(4) 积极开发无铅焊料的企业组织。

美国 NEMI(National Electronics Manufacturing Initiative)已有成员：Alcatel CID，Alpha Metals，Celestica，ChipPAC，Compaq Computer，CTS，Delphi Delco Electronics Systems，Eastman Kodak，FCI Electronics，Heraeus，IBM，Integrated Electronic Engineering Center at SUNY-Binghamton，Indium，Intel，ITRI，Johnson Manufacturing，Kester Solder，Lucent Technologies，Motorola，National Institute of Standards and Technology（NIST），SCI Systems，Shipley Ronal，Solectron，Storage Technology，Texas Instruments，Universal Instruments and Vitronics Soltec。合作组织：JEDEC，IPC，Soldertec。

(5) 基本共识。

① 无铅焊料的基体为 Sn(不少于 60wt.%)，即新型无铅焊料应为 Sn 基合金。

② 目前为止，还没有一种无铅焊料可以“即时取代”(drop-in)传统的 Sn-Pb 共晶焊料合金。根据 1997 年美国国家制造科学中心(National Center for Manufacturing Sciences，NCMS)的结论；1994 年，作为欧洲 IDEALS(Improved Design Life and Environmentally Aware Manufac-turing of Electronic Assemblies by Lead-free Soldering)计划的一部分，研究了超过 200 种合金，只有不到 10 种合金是可行的。

③ Sn 基无铅焊料中，其他可能元素包括 Ag、Cu、Sb、In、Bi、Zn 等。

(6) 替代元素/焊料的基本要求。

无铅焊料不是新技术，但今天的无铅焊料研究是要寻求年使用量为 5～6 万吨的 Sn-Pb 焊料的替代产品。

① 其全球储量足够满足市场需求。某些元素，如 In 和 Bi，储量较小，因此只能作为无铅焊料的添加成分。

② 无毒性。某些在考虑范围内的替代元素，如 Cd、Te 是有毒的。而某些元素，如 Sb，如果改变毒性标准的话，也可以认为是有毒的。

③ 能被加工成需要的所有形式，包括用于修补的 Wire；用于焊料膏的 Powder；用于波峰焊的 Bar 等。不是所有的合金能够被加工成所有形式，如 Bi 的含量增加将导致合金变脆而不能拉拔成丝状。

④ 替代合金也可以再循环利用。如果无铅焊料中包含 3～4 种金属元素将使再循环工艺复杂化并增加成本。

⑤ 较小的固液共存范围：大多专家建议此温度范围控制在 10℃之内，以便形成良好的焊点，如果合金凝固范围太宽，则有可能发生焊点开裂，使电子产品过早损坏。相变温度(固/液相线温度)与 Sn-Pb 焊料相近。

⑥ 合适的物理性能，特别是电导率、热导率、热膨胀系数。

⑦ 与现有元器件基板、引线及 PCB 材料在金属学性能上兼容。

⑧ 足够的力学性能：剪切强度、蠕变抗力、等温疲劳抗力、热机疲劳抗力、金属学组织的稳定性；合金必须能够提供 Sn63/Pb37 所能达到的强度和可靠性，而且不会在通过器件上出现突起的角焊缝。

⑨ 良好的润湿性。

⑩ 许多厂商都要求价格不能高于63Sn/37Pn，但目前，无铅替代物的成品都比63Sn/37Pb高35%。

⑪ 熔点：大多数厂家要求固相温度最小为150℃，以满足电子设备的工作要求。液相温度则视具体应用而定，波峰焊用焊条：为成功实现波峰焊，液相温度应低于265℃。手工焊用焊锡丝：液相温度应低于烙铁工作温度345℃。焊膏：液相温度应低于250℃。

⑫ 生产的可重复性，焊点的一致性，由于电子装配工艺是一种大批量制造工艺，要求其重复性和一致性要保持较高的水平，如果某些合金成份不能在大批量条件下重复制造，或者其熔点在批量生产时由于成分的改变而发生较大的变化，便不能予以考虑。

⑬ 焊点外观：焊点外观应与锡、铅焊料的外观接近。

⑭ 供货能力。

⑮ 与铅的兼容性：由于短期内不会立刻全面转型为无铅系统，所以铅可能仍会用于PCB焊盘和元器件的端子上，焊料中如掺加钴，可能会使焊料合金的熔点降得很低，强度大大降低。

替代元素的价格见表3-14(铅的市场价格约为0.4美元/磅)。

表3-14 替代元素的价格参考

元素	Pd	Zn	Sb	Cu	Sn	Bi	In	Ag
相对价格	1	1.3	2.2	2.5	6.4	7.1	194	212

替代元素的供需情况见表3-15。

表3-15 替代元素的供需情况

单位：万吨

元素	Ag	Bi	Cu	Ga	In	Sb	Sn	Zn
世界用量	1.35	0.4	800	0.003	0.01	7.82	16	690
世界产量	15	0.8	1020	0.008	0.02	12.23	24.1	760
剩余产量	0.15	0.4	220	0.005	0.01	4.41	8.1	70

合金成本情况见表3-16。

表3-16 合金成本情况

名称 \ 合金	Sn63/Pb37	Sn42/Bi58	Sn96.5/Ag3.5	Sn-0.7Cu	Sn3.5/Ag0.7Cu
成本($/cm³)	0.05	0.07	0.10	0.06	0.10

熔点见表3-17。替代元素应该使新型合金的熔点低于Sn的熔点(232℃)。

表 3-17　替代元素熔点分类情况

元素＼温度范围	溶点的降低(℃/wt%)		
	160～183℃	184～199℃	200～230℃
In	2.3	2.1	1.8
Bi	1.7	1.7	1.7
Mg			16.0
Ag			3.1(221℃以上)
Cu			7.1(227℃以上)
Al			7.4(228℃以上)
Ga	2.6	2.5	2.4
Zn		3.8(198℃以上)	3.8

(7) 关于金属学组织。

合金的性能，特别是力学性能取决于其金属学组织。

① Se 和 Te 将导致 Sn 基合金脆化。

② Sb 的含量不适当将恶化 Sn 基合金的润湿性能。

③ In 原子在 Sn 晶格中的分布显著影响其疲劳性能。

④ 如果存在 Bi 的第二相沉淀将显著脆化 Sn 基合金。

⑤ Sn 与 Cu、Ag、Sb 等金属间化合物的形成将显著影响其强度和疲劳寿命。

可以断定，新型无铅焊料中各组分含量必须是特定的，或者只能在一个很窄的范围内变动。

(8) NCMS"Lead-free Solder"计划研究结果概述。

Pass/Fail 选择判断依据见表 3-18。

表 3-18　Pass/Fail 选择判断依据

性　　能	可接受的水平
液相线温度	<225℃
熔化温度范围	<30℃
润湿性(润湿称量法)	Fmax>300 N；to<0.6s；$t_{2/3}$<IS
辅展面积	>85%的 Cu 板面积
钎焊下给定时间内表面氧化程度	某一给定值
热机疲劳性能	>Sn-Pb 共晶相应值的 75%
热膨胀系数	<29ppm/℃
蠕变性能(室温下 167 小时内导致失效需的应力值)	>3.5MPa
延伸率(室温、单轴拉伸)	>10%

2)目前已实用的无铅焊料

无铅焊料简介与分类。目前已经有超过100个无铅焊料的专利，由于性能与价格方面的原因，只有其中一小部分可以实用化。实用化焊料通常按熔点范围作如下分类：低温焊料(Low Melting Temperature，below 180℃)；中低温焊料(Melting Temperature Equivalent to the Tin-lead Eutectic，180～200℃)；中温焊料(Mid-range Melting Temperature，200～230℃；高温焊料(High Temperature Alloys，230～350℃)。

例1：低温无铅焊料见表3-19。

表3-19 低温焊料含量及熔点

合金系统	合成物/含量配比	熔点温度/℃
Sn-Bi	Sn-58Bi	138(e)
Sn-In	Sn-52In	228(e)
	Sn-50In	118-125
Bi-In	Bi-33In	109(e)

例2：中低温无铅焊料见表3-20。

表3-20 中低温焊料含量及熔点

合金系统	合成物/含量配比	熔点温度/℃
Sn-Zn	Sn-9Zn	198.5(e)
Sn-Bi-Zn	Sn-8Zn-3Bi	189-199
Sn-Bi-In	Sn-20Bi-10In	143-193

例3：中温无铅焊料见表3-21。

表3-21 中温焊料含量及熔点

合金系统	合成物/含量配比	熔点温度/℃
Sn-Ag	Sn-3.5Ag	221(e)
	Sn-2Ag	221-226
Sn-Cu	Sn-0.7Cu	227(e)
Sn-Ag-Bi	Sn-3.5Ag-3Bi	206-213
	Sn-7.5Bi-2Ag	207-212
Sn-Sg-Cu	Sn-3.8Ag-0.7Cu	217(e)
Sn-Ag-Cu-Sb	Sn-2Ag-0.8Cu-0.5Sb	216-222

例4：高温无铅焊料见表3-22。

表 3－22　高温无铅焊料

合金系统	合成物/含量配比	熔点温度/℃
Sn-Sb	Sn-5Sb	232-240
Sn-Au	Au-20Sn	280(e)

各种不同比例成分的无铅焊料的特性对比见表 3－23。

表 3－23　不同比例成分的无铅焊料的特性对比

成　　分	缺　　点	优　　点
Sn、Cu	熔点高，强度差，可焊性差	价格低，易于维护
Sn、Ag	价格高、熔点高	可焊性与可靠性好
Sn、Ag、Cu、(Sb)	价格高、熔点稍高	可焊性与可靠性好
Sn、Ag、Bi、(Cu)、(Ge)	焊点浮离	熔点低、可焊性与可靠性好
Sn、Zn、(Bi)	锡膏寿命短，润湿性差， 易于氧化，锡渣多，易于腐蚀	熔点温度与 Sn-Pb 接近

3）推荐使用的无铅焊料

理想的无铅焊料的标准：电、力学性能良好；润湿性良好；无潜在电解腐蚀或晶须生长；成本适中；可被加工成各种不同形式；可采用现有的焊剂系统，不需要采用氮气保护来促进有效润湿；能够与市场上现行的波峰焊、SMT 和手工组装兼容。推荐的工艺曲线上有 3 个重要点。

(1) 预热区升温速度要尽量慢一些(选择数值 2～3℃/s)，以便控制由焊膏的塌边而造成焊点的桥接、焊锡球等。

(2) 预热要求必须在 45～90sec、120～160℃范围内，以控制由 PCB 基板的温差及焊剂性能变化等因素而发生回流焊时的不良。

(3) 焊接的最高温度在 230℃，保持 20～30sec，以保证焊接的湿润性。冷却速度选择－4℃/s。回流焊中出现的缺陷及其解决方案：焊接缺陷可以分为主要缺陷、次要缺陷和表面缺陷。凡使 SMA 功能失效的缺陷称为主要缺陷；次要缺陷是指焊点之间润湿尚好，不会引起 SMA 功能丧失，但有影响产品寿命的可能的缺陷；表面缺陷是指不影响产品的功能和寿命。它受许多参数的影响，如焊膏、基板、元器件可焊性、印刷、贴装精度以及焊接工艺等。人们在进行 SMT 工艺研究和生产中，深知合理的表面组装工艺技术在控制和提高 SMT 生产质量中起着至关重要的作用。

部分机构推荐使用的无铅焊料见表 3－24。

表 3-24 部分机构推荐使用的无铅焊料

机构	焊料
NEMI	Sn0.7Cu
	Sn3.5Ag
	SnAgCu
NCMS	Sn3.5Ag
	Sn58Bi
	Sn3.0Ag2.0Bi
	CASTIN
	Sn3.4Ag4.8Bi
	Sn20In2.8Ag(Indalloy)
	Sn3.5Ag0.5Cu1.0Zn
ITRI	SnAgCu
	Sn2.5Ag0.8Cu0.5Sb
	Sn0.7Cu
	Sn3.5Ag
	SnBiAg
	SnBiZn

典型的无铅焊料商品举例见表 3-25。

表 3-25 典型的无铅焊料

焊接工艺	型　　号	合金组成单位/%	熔点单位/℃	备　　注
再流焊	SN96	Sn-3.5Ag(共晶)	221	*1：JP3152945/US6180055
	SNCI*2	Sn-3.8Ag-1Cu(共晶)	217	*2：US6231691B1
	SN97C*3	Sn-3.0Ag-0.5Cu	208～219	*3：JP3027441/US5527628
	LF－C*4	Sn-3.5Ag-3Bi-1Cu	208～213	*4：US5527628
	LFSA	Sn-3.5Ag-3In－0.5Bi	214	
	LF－A	Sn-9Zn	199E	
波峰焊	SN100C*1	Sn-0.7Cu+Ni	227E	
	SN96CI*2	Sn-3.8Ag-1Cu(共晶)	217E	
	SN97C*3	Sn-3.5Ag-0.5Cu	218～219	
手工焊	SN97C*3	Sn-3.5Ag-0.5Cu		

4）实施无铅工艺的相关问题

无铅工艺可能存在的问题见表 3-26。

表 3-26 无铅工艺可能存在的问题

序号	技术问题	序号	技术问题	序号	技术问题
1	装配设计	10	电终板程序	19	检查
2	焊接设备	11	印刷	20	能源问题
3	焊接高温制品	12	放置	21	可靠性
4	贴装	13	回流问题	22	数据库
5	助焊剂	14	回流设备	23	组装拆解
6	元件设计	15	波峰问题	24	回收
7	元件完成	16	角焊缝升力	25	标准
8	元件温度	17	Wave quip	26	检测方法
9	完成电路板	18	返工		

(1) 高温过程的相关技术问题主要内容如下。

① 原材料的稳定性及兼容性问题，另一个重要的技术问题是兼容的通量，板饰面和部分完成的无铅焊料，无铅焊料的高熔点导致焊接温度提高，可能损伤温度敏感元器件，降低元器件工作的稳定性，缩短 PCB 的使用寿命。锡铜兼容有机与 Sn/Pb 已经完成。银铜合金兼容 Sn、Ag、Au(光缆)已经完成。银铜合金不兼容是由于 Ag/Pd 非常差的可焊性。

② 设备问题。工艺窗口的大幅缩小，如采用 Sn-Ag-Cu 焊料(熔点为 217℃)，再加上 5℃的控制限制，实际的工艺窗口只有 8℃。如此之窄，对于电子组装绝对是一个挑战。同时，工艺过程的温度实时监控更为重要。针对无铅焊料、焊料膏，再流焊设备的改进内容如下。

a. 增加温度区数目，同时减小每个温度区的尺寸，以便在高温时更好控制。如图 3.19 中oven 总长度为 150 英寸(传统 oven 总长度为 183 英寸)，并推荐使用氮气保护方式。

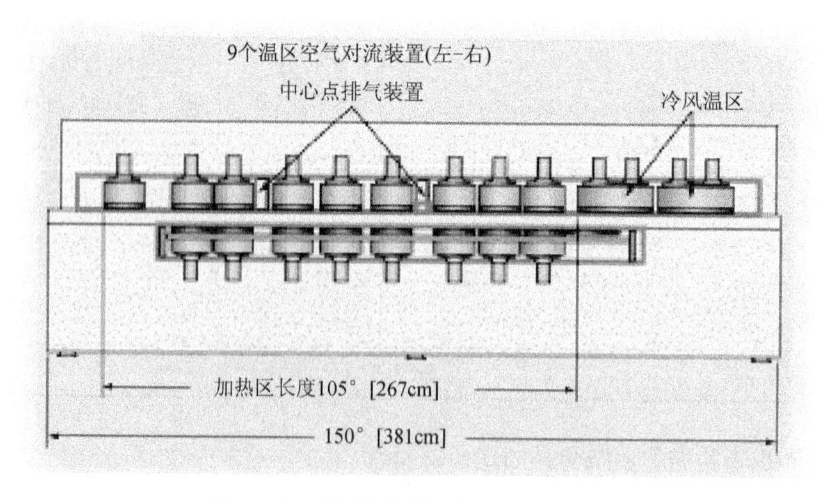

图 3.19 缩短回流炉每个温度区的尺寸

b. 印刷电路板中间的支撑改进。温度超过150℃时，PCB会发生玻璃态相变，引起其中间部分下塌。再流焊温度越高，下塌越显著，回复平整的可能性越小。特别是对于双面PCB，这一问题更为重要。

传统的支撑条贯穿整个加热区，会阻碍空气向PCB流动，增加PCB上的温差。同时由于设置支撑结构会降低PCB的整体温度水平，因此有/无支撑结构需要不同的再流温度规范。

改进：只在再流区和冷却区设置支撑结构，而去除预热区的支撑结构(因为其温度小于150℃)。

c. 增加闭环助焊剂分离/收集系统，如图3.20所示。闭环焊剂分离/收集系统可去除再流焊设备内部95%的焊剂残渣，同时保证氮气的再循环利用。

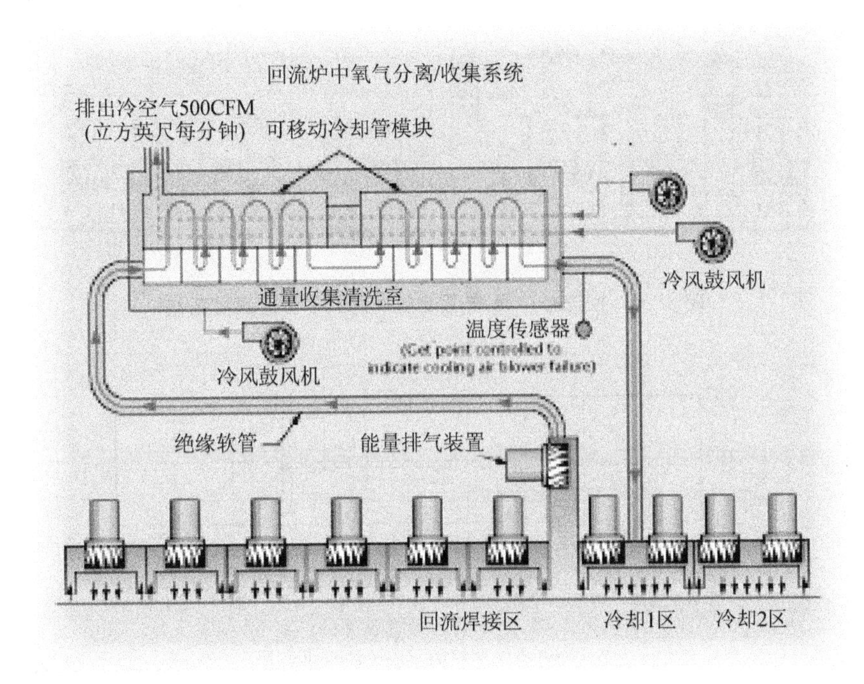

图3.20　回流炉中增加闭环焊剂分离/收集系统

d. 空气再流焊设备采用HEPA过滤器系统，如图3.21所示。空气再流焊设备采用HEPA过滤器系统，最小化排放废气污染以满足ISO 14000的要求。

③ 高温产生的原因：有铅与无铅焊料的回流焊炉炉温曲线比较如图3.22(a)、图3.22(b)所示。Sn-Pb共晶爆料只需要30～60s的再流时间来保证充分铺展。无铅焊料需要60～90s的再流时间来保证充分铺展。

(2) 生产实施的逻辑问题。

(3) 检验检查，方法与标准亟须统一，缺乏足够的数据来实施。

(4) 可靠性问题。

(5) 返修问题。焊接温度越高，返修问题越多，此问题已被广泛关注。这些问题最有可能表现为复杂零件的返修。例如采用BGA封装的元器件，需要一个高层次的背景去除和有效的热回流。

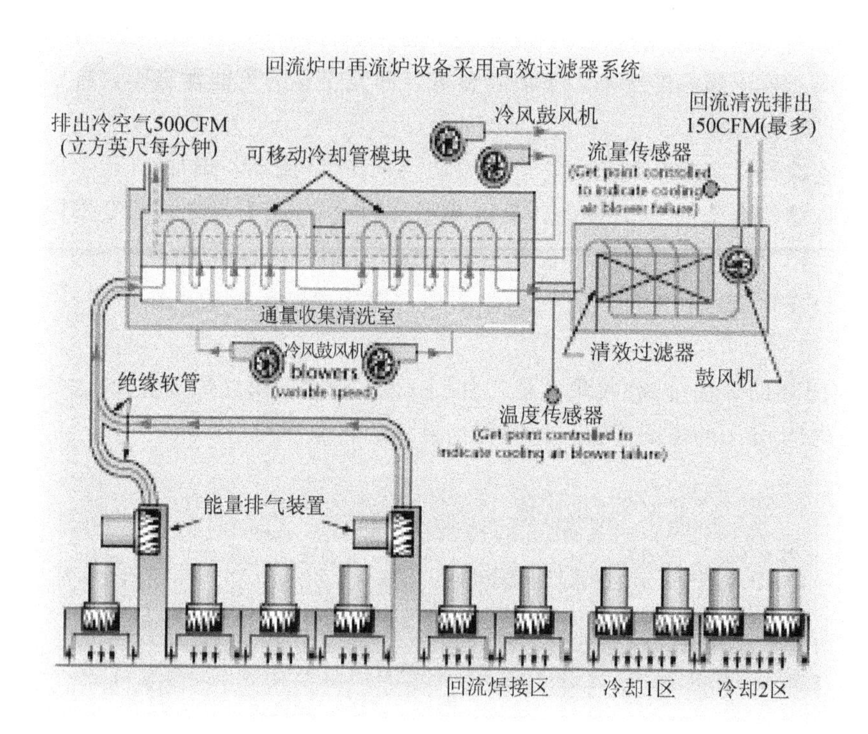

图 3.21 回流炉中再流焊设备采用 HEPA 过滤器系统

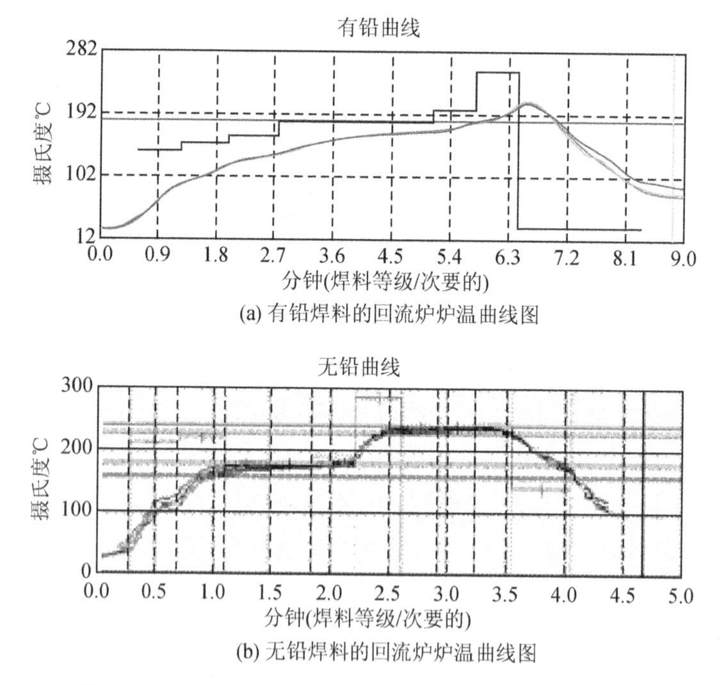

图 3.22 有冷却 1 区铅与无铅焊料的回流炉炉温曲线图

（6）再利用问题。

（7）实施成本，主要包含以下几个方面：Raw Materials——原材料；Soldering Materials——焊接材料；Equipment——设备；Energy Consumption——能源消费；Retraining——培

训；Recycling——回收利用。

(8) 无铅材料与工艺发展进程。焊料无铅化的推动力由各因素决定，各因素所占比例如图 3.23 所示。

没答案
环保意识
法律
回收利用相关
成本利益
成本利益
客户要求
市场利益

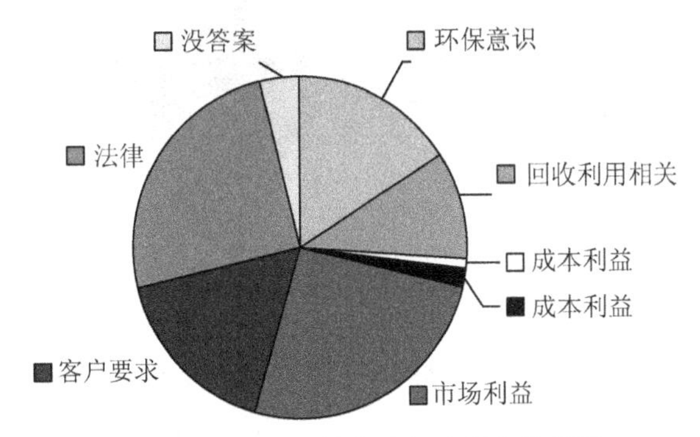

图 3.23　无铅工艺主要因素所占比例图

焊料无铅化进程如图 3.24 所示。

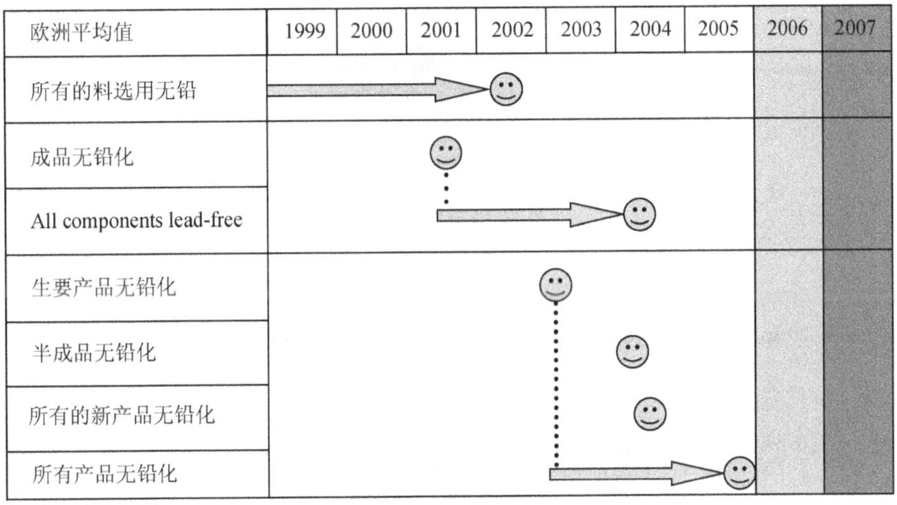

欧洲平均值
1999
2000
2001
2002
2003
2004
2005
2006
2007
所有的料选用无铅
成品无铅化
All components lead-free
生要产品无铅化
半成品无铅化
所有的新产品无铅化
所有产品无铅化

图 3.24　无铅工艺的平均目标进程图

回流炉选用的无铅焊料体系中各种合金焊料所占比例如图 3.25 所示。

SnAgCuBi
SnAgCuSb
SnAg
SnAgCu
SnAgBi
SnCu
SnZnBi
others

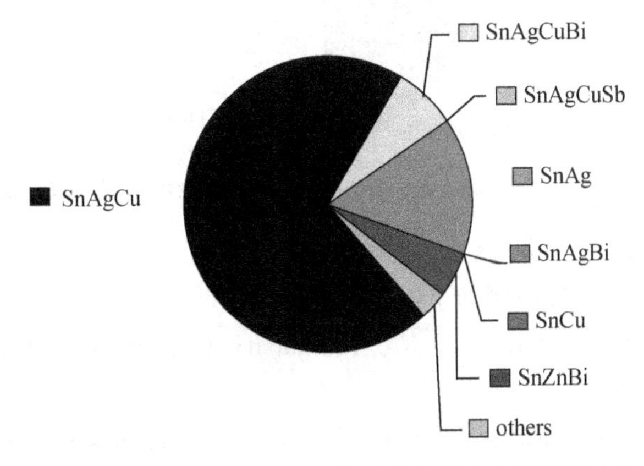

图 3.25　回流炉选用的无铅焊料体系中各种合金焊料所占比例图

波峰焊选用的无铅焊料体系中各种合金焊料的比例如图 3.26 所示。

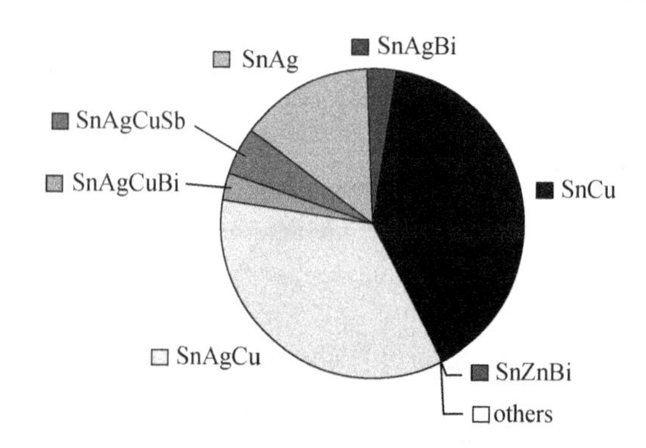

图 3.26　波峰焊选用的无铅焊料体系中各种合金焊料所占比例图

手工焊选用的无铅焊料体系中各种合金焊料所占比例如图 3.27 所示。

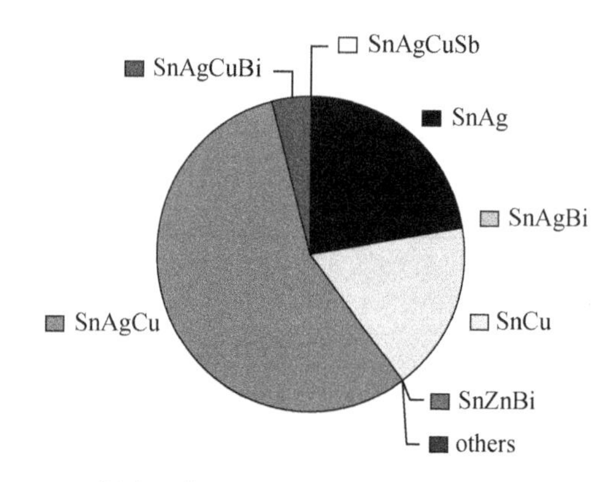

图 3.27　手工焊选用的无铅焊料体系中各种合金焊料所占比例图

Sn-Ag-Cu 的选用组成比例如图 3.28 所示。

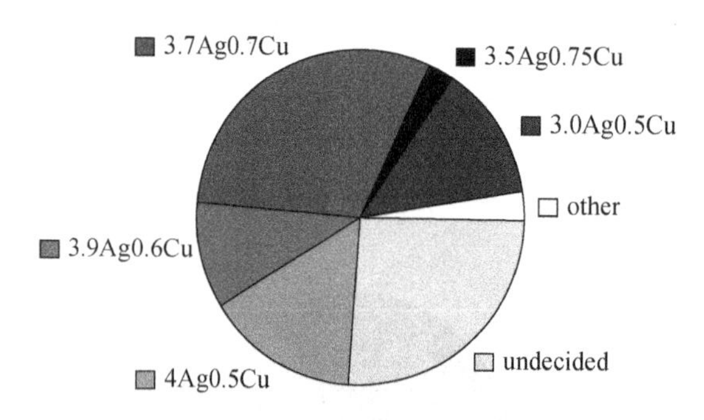

图 3.28　常用无铅 Sn-Ag-Cu 焊料各种合金焊料组成成分图

① 元器件引线脚镀层无铅化。

② PCB 表面的无铅镀层内容如下。

a. Ni/Pd(X)：Electrolytic Ni/PdCo/Au flash；(Electroless) Ni/(Electroless) PdNi/Electroless(immersion) Au。

b. Sn：Electrolytic Sn；Electroless(immersion) Sn；Electroless(Modified immersion ＋autocatalytic) Sn。

c. Ni/Sn Electrolytic Ni/Electrolytic Sn。

d. SnAg Electrolytic SnAg。

e. SnBi：Electrolytic SnBi；Electroless(immersion)SnBi。

f. SnCu Electrolytic SnCu。

g. SnNi Electrolytic SnNi。

典型的无铅焊接过程，典型的无铅波峰焊接工序设置如图 3.29 所示。

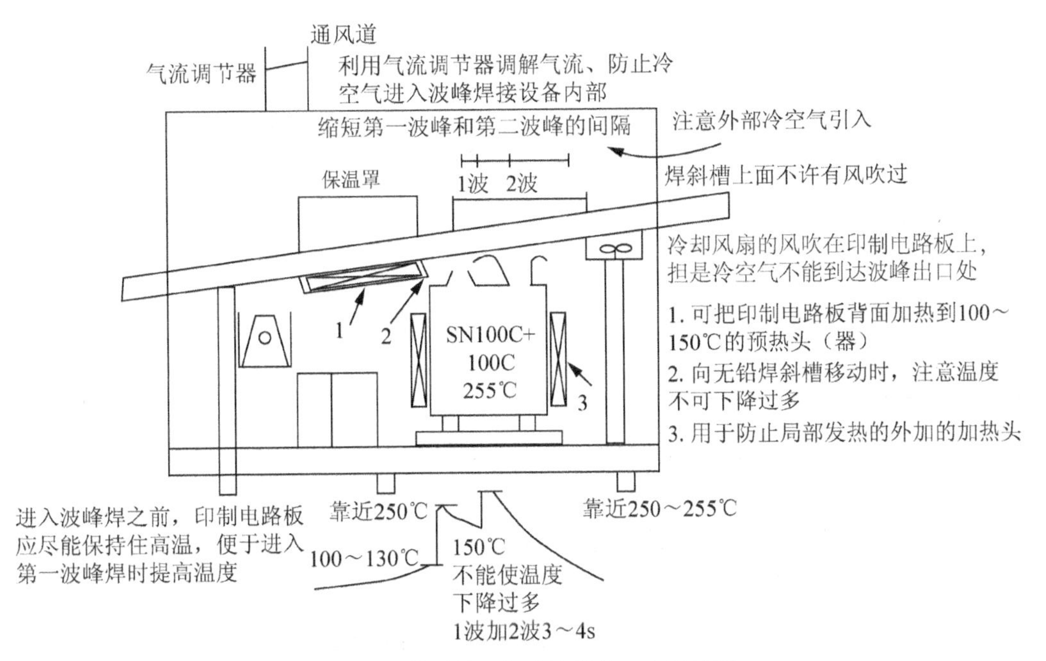

图 3.29 典型的无铅波峰焊接工序设置图

典型的无铅回流焊焊接炉温曲线图如图 3.30 所示。

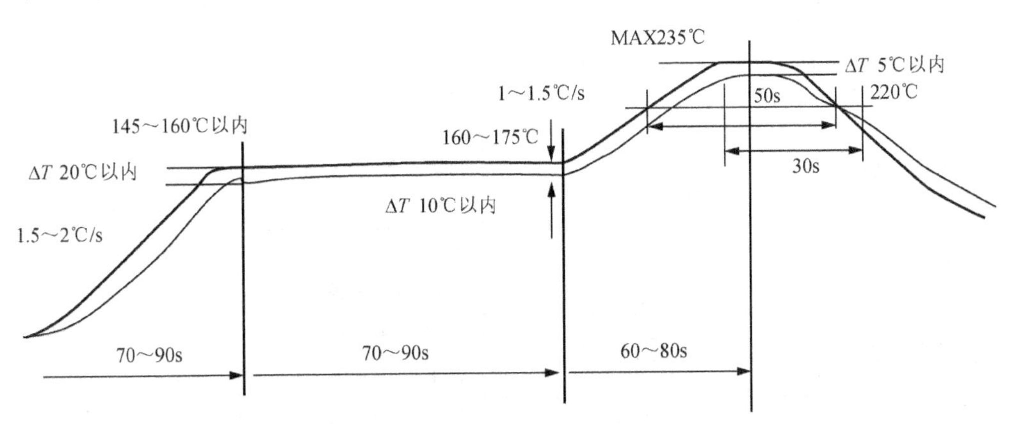

图 3.30 典型的无铅制程回流焊焊接炉温曲线图

(9) 无铅制程产品的可靠性评价内容如下。

① 可靠性评价包含以下几方面：无铅工艺是否可行；是否可能带来隐藏的缺陷；与有铅制程的差距如何；产品的可靠性能否满足客户的要求。

无铅制程工艺准备项目见表 3-27。

表 3-27　无铅制程工艺准备项目表

序号	测试项目	测试方法、条件	目　　的	样品数量
1	无铅工艺元器件可焊性测试	250－260℃、5s	消除元器件本身对组装工艺的影响	5 只/种
2	原料 PCB 的可焊性测试	250～260℃，5s	消除 PCB 本身对组装工艺的影响	3 件
3	PCB 的耐高温试验	260℃，10s		3 件
4	助焊剂与焊锡膏 SIR/EM 测试	IPC-TM-650 2.6.3（制样工艺与生产工艺条件一致）	消除 FLUX 本身对无铅组装产品可靠性的影响	提供助焊剂与焊锡膏各一件
5	助焊剂与焊锡膏腐蚀性测试	IPC-TM-650 2.6.15（制样工艺与生产工艺条件一致）	消除 FLUX 本身对无铅组装产品可靠性的影响	同上
6	敏感元器件工艺适应性测试	电测、外观以及密封性检测	了解敏感元器件工艺适应性	无铅工艺前后各 10 批次

② 无铅工艺可靠性内容：确认可靠性包含以下几点。

a. 热机械可靠性：静态断裂；热疲劳性断裂；蠕变断裂；振动断裂。

b. 电化学可靠性：变质；腐蚀；绝缘电阻。

无铅工艺可靠性评价方案见表 3-28。

表 3-28　无铅工艺可靠性评价方案表

可靠性测试				检查测试
序号	测试项目	测试条件	样品	
A-1	高温/温度试验	80℃，90%RH，240h	无铅 PCBA 与有铅 PCBA 各 5 只	1. 外观及表面检查 2. 金相切片分析 3. 焊点剪切强度测试
A-2	温度循环试验	－40℃，30min(1min)125℃，30min，500cycles	无铅 PCBA 与有铅 PCBA 各 12 只；试验分别进行到循	
A-3	高温试验	80℃，240h	无铅 PCBA 与有铅 PCBA 各 5 只	
A-4	低温试验	－40℃，240h	无铅 PCBA 与有铅 PCBA 各 5	
A-5	振动试验	20～500Hz 98m/s² XYZ Axis each 1h	无铅 PCBA 与有铅 PCBA 各	
A-6	通过可靠性试验后		无铅 PCBA 与有铅 PCBA 各 5 只	PCBA 功能测试

5）焊接技术

THT(手摆)工艺常用的自动焊接设备的工作原理及操作要点。

常用的焊接设备有：锡炉、浸焊机、波峰焊接机。

(1) 锡炉的基本介绍。锡炉相对于波峰焊来说叫小锡炉，因为人们在批量的生产中所用的锡炉是大型的波峰焊，俗称大锡炉。而专用来维修不良品的锡炉，相对于波峰焊(大锡炉)来说就称为锡炉，同时，小锡炉也有其他的作用，如极小批量的生产，也可以用小锡炉来完成生产作业。锡炉的工作原理主要是由电控部分来控制锡槽部分的马达带动锡泵运转将锡缸内的锡液通过导流槽送到喷嘴中，达到作业条件。

锡炉的作用：小锡炉是对在线手插零件生产过程中(PTH 段)，使用烙铁无法维修的不良零件进行维修。例如，在线生产时出现的浮高、折脚、错件、漏件、零件不良等，都要用小锡炉进行维修，同时在线生产时出现的少锡、空焊一般都要用小锡炉来进行加锡作业。

锡炉可分为有铅锡炉和无铅锡炉。无铅锡炉如图 3.31 所示。

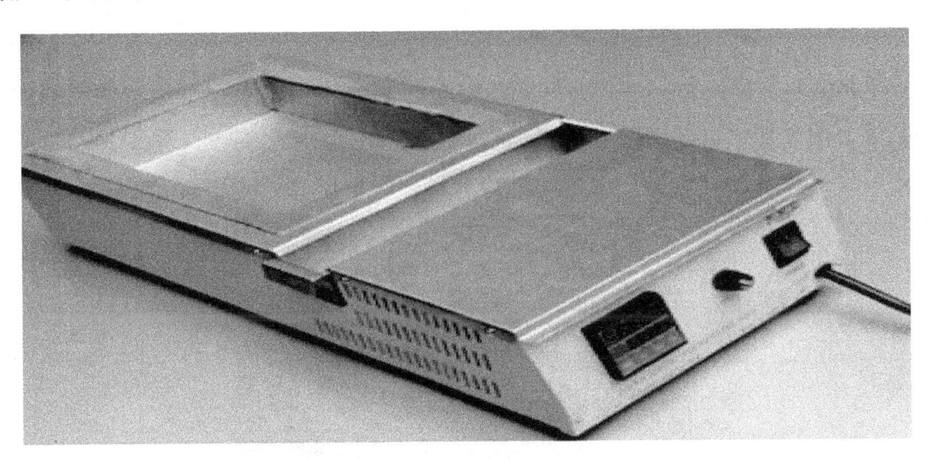

图 3.31 无铅锡炉外观图

手浸熔锡炉，无铅锡炉温控器采用 PID 自整定技术，固态继电器输出，间歇性加热技术，保证温度误差在±3℃内，具有温度补偿功能，可以保证显示温度与实际温度相一致。

详细介绍如下。

① 手浸熔锡炉、无铅锡炉、卡帕尔手浸锡炉、卡帕尔手浸熔锡炉炉胆采用进口和军工级优质钛板制作(钛广泛应用于航空、航天、化学、生物等方面)，含钛 99.56%以上。在长期 400℃高温下，具有耐腐蚀、抗酸性、不沾锡等特性，并全部拥有 SGS 认证报告，是无铅作业的最佳选择。

② 温控器采用 PID 自整定技术，固态继电器输出，温度误差±3℃，具有温度补偿功能，可以保证显示温度与实际温度相一致。

③ 台式锡炉外观采用 1.5mm 铁板，坚固耐用，表面喷涂米白色烤漆。

④ 陶瓷发热芯及热电偶均采用进口组件制作，发热效率高，提高寿命，节省电能。

⑤ 焊接面积较大，适用于电子厂对电路板的浸锡作业。

⑥ 设有内置锡渣槽，清理锡渣极其方便。

常用无铅锡炉参数对比见表 3-29。

表 3-29 常用无铅锡炉参数对比

型号	锡锅规格/mm	功率/W	温度范围	熔锡量	外形尺寸/mm
KP-606	60×60×40	250	0～600℃	1.0kg	280×120×100
KP-808	80×80×40	400	0～600℃	1.8kg	300×140×100
KP-101	100×100×45	600	0～600℃	3.2kg	340×170×120
KP-102	150×100×45	800	0～600℃	5.0kg	390×170×120
KP-103	200×100×45	1000	0～600℃	6.5kg	440×170×120
KP-151	200×150×45	1200	0～600℃	9.5kg	440×220×120
KP-152	250×150×45	1500	0～600℃	12kg	490×220×120
KP-201	250×200×45	2000	0～600℃	16kg	490×270×120

(2) 浸焊机的工作原理：是让插好元器件的印制电路板水平接触熔融的铅锡焊料，使整块电路板上的全部元器件同时完成焊接。

浸焊机按工作方式分为半自动浸焊机和全自动浸焊机。

半自动浸焊机如图 3.32 所示。

图 3.32 半自动浸焊炉外观图

半自动浸焊机是近年来从锡炉和波峰焊之间衍生出来的一种新的线路板焊接生产设备。功能上类似波峰焊，具有喷雾、预热、焊接、冷却等功能；焊接方式上类似锡炉手工浸焊，所不同的是采用机械手来加紧线路板。

详细介绍如下：

① 适合长插、短插元器件及单面线路板、双面线路板或多层线路板的焊锡。

② 适合不同基板、助焊剂、焊锡以及不同产量的需要，焊点饱满、光滑、可靠，虚焊少。

③ 焊锡质量与波峰焊一样饱满、光滑、可靠，无虚焊、锡桥、焊点抗震抗裂性能好。

④ 浸焊机机能与手动或自动流水线相驳接，每次焊锡时间仅12秒，8小时可焊960～6720块。

⑤ 具有助焊剂密闭自动液位控制系统，确保喷雾器喷雾效果良好，避免同类机型频繁人工补液的烦琐。

⑥ 配合高密微孔助焊剂喷雾组件能适应各种性能助焊剂使用，涂敷薄而均匀，用量少。

⑦ 喷雾可由按钮或者脚踏开关控制，以适应不同操作习惯、方便实用。

⑧ 高效预热烘干，加速线路板助焊剂的挥发和分子活化，充分发挥助焊剂性能。

⑨ 温度由微电脑PID温控仪智能控制，实时显示设定温度与实际温度，温控范围为常温－600℃，具有精度高、智能温度矫正等特点。

⑩ 卸板、冷却一次完成，冷却区由超静风机强制冷却。

⑪ 内部配有排风装置，可有效排除焊接过程中产生的有害气体。

⑫ 配有锡渣收集槽，既方便整洁，又可回收锡渣二次还原节约成本。

⑬ 充分利用机器内部空间，具有两个大容量工具柜，实用方便。

⑭ 全套设备安装、调试、保养简便，仅需一人操作。

自动浸焊机如图3.33所示。

图3.33　全自动浸焊炉外观图

浸焊方式：只要将上好助焊剂的基板，置放于针架上，然后踩脚踏开关，即可一次将多片的各种基板焊接完成，从基板斜角入锡到水平浸焊时间以及基板出锡的角度，都经由微电脑控制，完全模拟手工浸焊原理，人员免培训，任何人均可浸焊作业，不需熟手，焊接品质稳定，可提高生产效率。

全自动浸焊机适用范围如下：

① 生产批量大，且规格多，并以直插件为主，一台机可通用，无需调机，与波峰焊效率相当，但成本大大降低，质量保证。

② 有做仪器、设备的厂家，PCB规格多，但数量极少，手工浸锡要求员工熟练程度高，波峰焊成本高，所以选择自动浸锡炉。

(3) 正确地波峰焊接机的工作原理：波峰焊是将熔融的液态焊料，借助于泵的作用，在焊料槽液面形成特定形状的焊料波，插装了元器件的PCB置于传送链上，经过某一特定的角度以及一定的浸入深度穿过焊料波峰而实现焊点焊接的过程。

波峰焊接机的分类：斜坡式波峰焊机(图3.34)、高波单峰焊机、双波峰焊机。

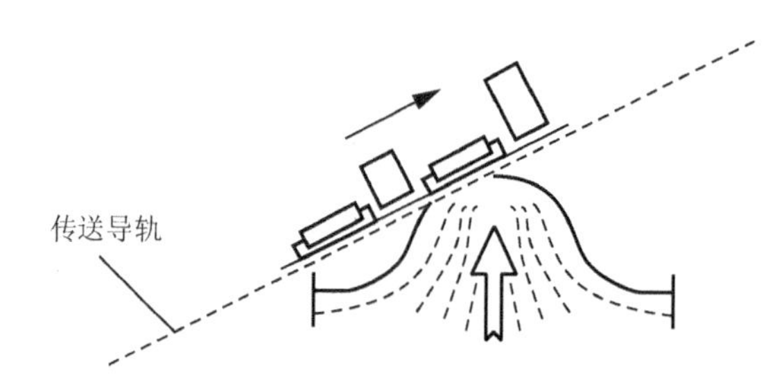

图3.34 斜坡式波峰焊机焊接示意图

下面分别简述各类波峰焊机的特点。

① 斜坡式波峰焊机的特点：增加了电路板焊接面与焊锡波峰接触的长度；有利于焊点内的助焊剂挥发，避免形成夹气焊点，还能让多余的焊锡流下来。

② 高波单峰焊机(图3.35)，适用于THT元器件"长脚插焊"工艺，一般在高波单峰焊机的后面配置剪腿机，用来剪短元器件的引脚。

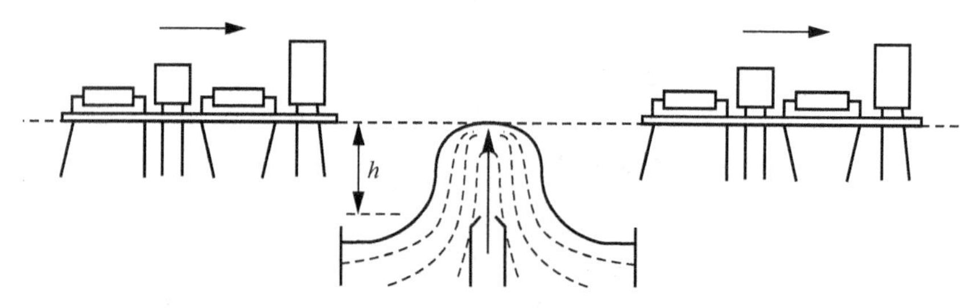

图3.35 高波单峰焊机焊接示意图

③ 双波峰焊机如图3.36和图3.37所示，特别适合焊接那些THT+SMT混合元器件的电路板。最常见的波型组合是"紊乱波"+"宽平波"。

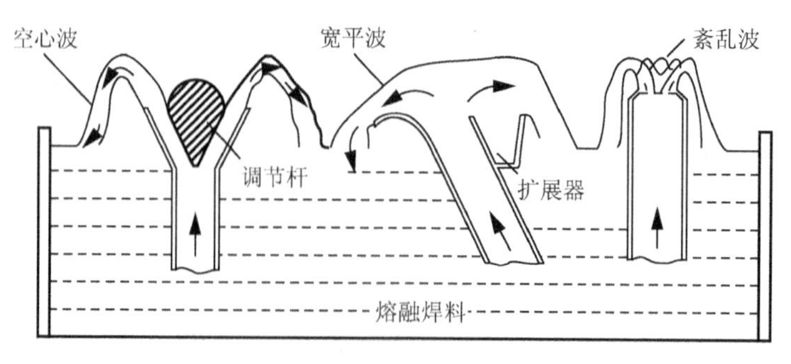

图3.36 双波峰焊机焊接示意图

图 3.37 双波峰焊机双波示意图

波峰焊机中常见的预热方法：空气对流加热；红外加热器加热；热空气和辐射相结合的方法加热。

波峰焊生产前的操作步骤如下：

① 开启抽风系统电源。

② 生产前 3 小时开启总电源，对锡缸里锡的进行加热熔化。

③ 检查助焊剂量、锡量及清洗剂等，不够立即增加。(锡面离锡缸口 15～20mm)

④ 检查助焊剂是否过期，清洁波峰喷嘴。

⑤ 清洁助焊剂喷嘴；测试助焊剂均匀度。

⑥ 取出并清洁助焊剂过滤网。

⑦ 当电脑屏幕锡炉亮绿灯时，单击手动模式按钮。

⑧ 根据《波峰焊参数设定》在电脑上选择正确的"配套参数"。

⑨ 调节好链轨宽度及锡缸高度。

⑩ 依次开启总气压、链速、锡波、预热、冷却等。

⑪ 如有特别要求要开氮气，就要开启氮气供给系统。

⑫ 当电脑开启为绿灯时，检查好 PCBA 放入锡炉。

⑬ 跟踪锡炉的锡波高度。

⑭ 出锡炉后检查过炉效果，如有问题，立即调节，调节好后再生产注意不能连续过炉，每块夹具或 PWE 板间应保留约 100mm 的间隙。

波峰焊注意事项如下：

① 佩带好防护用品：防护眼镜、口罩、高温手套、工衣、工鞋等。

② 打开抽风系统。

③ 不能使用潮湿的工具或非不锈钢工具。

④ 如果生产中发生故障，立即按下急停开关并停止送板，通知相关技术人员处理故障后再重新启动。

⑤ 当生产中出现报警时，通知相关技术人员处理后再重新放板。

⑥ 机器有问题，联系相关技术人员维护。

波峰焊维护保养内容如下。

① 日保养的步骤如下。

a. 检查锡波高度：波峰停止时锡面离锡缸15～20mm。

b. 每4小时清理锡渣：每4小时用铲刀清洁一次锡槽内锡渣。

c. 清洁波峰喷嘴：运行一会再关闭，然后打开锡波，用刮刀清除里面的锡渣和残留的助焊剂。

d. 清洁喷雾机感应器：用碎布蘸少量的清洁剂擦干净喷雾入口处、感应器、感应头。

e. 清洁锡炉炉身：用碎布蘸清洁剂或玻璃水擦干净锡炉观察镜，做好5S工作。

f. 清洁链条轨道：用刷子清洁链爪上及洗爪盒里的锡渣。

g. 清除锡槽氧化物：清除两喷嘴间的氧化物。

h. 清洁预热区：用软布清洁预热器。

i. 清洁喷雾机喷嘴：用IPA清洁喷嘴助焊剂残留物。

j. 测试喷雾机喷雾均匀度：用传真纸测试喷雾机的均匀度。

② 周保养的步骤如下。

a. 5S：清洁观察镜及机身。

b. 给锡波马达加油：用油枪对准两个马达的加油嘴加高温润滑油，直到能看到油从轴承内冒出。

c. 清洁锡缸：取出锡槽喷嘴清洁锡缸内锡渣。

d. 清洁抽风系统和助焊剂隔离盒：清洁抽风系统和助焊剂隔离盒残留的助焊剂。

e. 检查并清洁爪子毛刷清洁器：清洁爪子及洗爪盒的锡渣，并清洁毛刷。

f. 清洁喷雾系统：清洁喷雾系统的残留助焊剂。

g. 重复日保养工作。

③ 月保养的步骤如下。

a. 检查链条的传动皮带的张力和状况，检查链爪好坏并及时更换。

b. 检查送料带。

c. 检查喷雾气缸。

d. 检查锡缸调节脚安全螺母。

e. 重复日/周保养内容。

④ 每半年保养的步骤如下。

a. 清洁控制箱。

b. 清洁锡槽。

c. 清洁传输装置和驱动器。

d. 检查并清洁助焊剂装置。

e. 清洁链条爪子。

f. 设备整体清洁检查。

g. 给所有泵及轴承加油。

h. 检查泵的密封性能。

i. 检查链条张力。

j. 化验锡的成分及重复日/周/月保养。

波峰焊故障处理内容如下：

① 掉板的原因：轨道宽度未设定好；爪子损坏变形；载板变形或其长度小于250mm。

解决办法：调轨道宽度；更换新爪子；修理载板并要求供应商按我方标准尺寸设计。

② 少锡的原因：波峰太高；助焊剂量不够；焊接零件脚或焊盘表面不干净或被氧化。

解决办法：波峰高度达到PWB2/3处；用传真纸检查其用量及均匀度；清洁PCB及零件并保持干燥。

③ 锡桥的原因：过炉方向错；助焊剂质量问题或其量不够；锡渣。

解决办法：根据PCB的设计合理调整过炉方向；检查助焊剂是否在有效期，清洁助焊剂喷嘴；清除锡渣。

④ 起料/不贴板的原因：零件插放不好；有杂物在PCB板上；元器件脚碰到设备发生移动。

解决办法：背面弯脚或用治具；清除杂物；剪短脚至(3.0±0.5)mm。

波峰焊锡常见焊接不良问题、原因及对策如下。

影响波峰焊锡的三大因素：材料问题：化学材料，如助焊剂、锡、PCB板的制作材料；焊锡性的不良：焊接表面，像零件、PCB及电镀惯穿孔；生产设备的偏差：机器设备和维修的偏差以及外来的因素。焊锡时的温度、输送的速度和角度，还有吃锡的深度。除此之外，通风、气压的变化等也是问题之一。

当问题发生时，依下列方法可以更快找出问题的来源。

步骤1：在焊锡流程中变量最小的属机器设备，因此第一时间检查锡炉各项温度以及其他参数，找出最佳的操作条件等。

步骤2：接下来检查焊锡材料，如助焊剂的比重、透明度、颜色以及锡铅合金的纯度，这是一项持续的工作，定期检查及不定时抽检，确保焊锡质量。

步骤3：PCB及零件的焊锡性不良是造成焊锡问题的最大因素，找出问题进行分析改善。

波峰焊锡常见焊接不良问题分析及对策见表3-30。

表3-30　波峰焊锡常见焊接不良问题分析及对策表

焊接问题	原　　因	对　　策
沾锡不良（缺锡、空焊）	铜箔表面，组件脚氧化	清洁被氧化器件
	助焊剂比重不对	重新调配助焊剂
	组件可焊性差	检查组件质量
	助焊剂与铜箔发生化学反应	检查助焊剂问题
	助焊剂变质	更换助焊剂
	浸锡不足	调整波峰高度
	线路板翘曲	调整波峰高度及其温度

续表

焊接问题	原　　因	对　　策
有锡柱	助焊剂氧化影响其流动性	检查助焊剂及温度
	PCB 板预热不够	调整预热温度
	助焊剂比重不对	检查助焊剂
	焊锡温度低	检查调整锡炉温度
	传送速度太低	调整传送速度
	PCB 板浸锡太深	调整波峰高度
	铜箔面积，孔径太大	改善 PCB 板设计
	组件可焊性差	避免组件长期存放
连锡	波峰焊接角度不佳	调整焊接角度
	锡波流动性不好	调整波峰高度
	PCB 板浸锡时间短	调整波峰或运输速度
	PCB 预热不足	调整预热温度
	助焊剂比重不对	检查助焊剂
	电路板设计不良	改善 PCB 板设计
焊点光泽差	焊锡中杂质过多	检查焊锡纯度
	铜箔表面，组件脚氧化	清洁被氧化器件
	助焊剂质量太差	检查助焊剂
	焊锡温度不合适	检查调整锡炉温度
虚焊、气泡	锡炉温度低	检测锡炉温度
	助焊剂质量太差	检查助焊剂
	传送速度过快	调整传送速度
	PCB 板受潮产生气泡	干燥 PCB 板
	铜箔面积，孔径太大	改善 PCB 板设计
线路板翘曲	锡炉温度过高	检查调整锡炉温度
	运输速度过慢	调整运输速度

常用的 WS-350PC 系列锡炉介绍如下。

WS-350PC 系列波峰焊整机图如图 3.38 所示。

一般波峰焊机的内部结构示意图如图 3.39 所示。

结构：主要由喷雾系统、预热器、波峰炉以及控制计算机或控制面板四大部分组成。

特性：SE-350B 系列锡炉，结构简单易操作，但精确度不高；WS-350PC 系列锡炉，完全计算机数字化控制，自动完成 PCB 板从涂布助焊剂、预加热、焊锡以及冷却等焊接全部工艺过程，主要用于表面贴装组件、短脚列件及混装型 PCB 板的整体焊接。

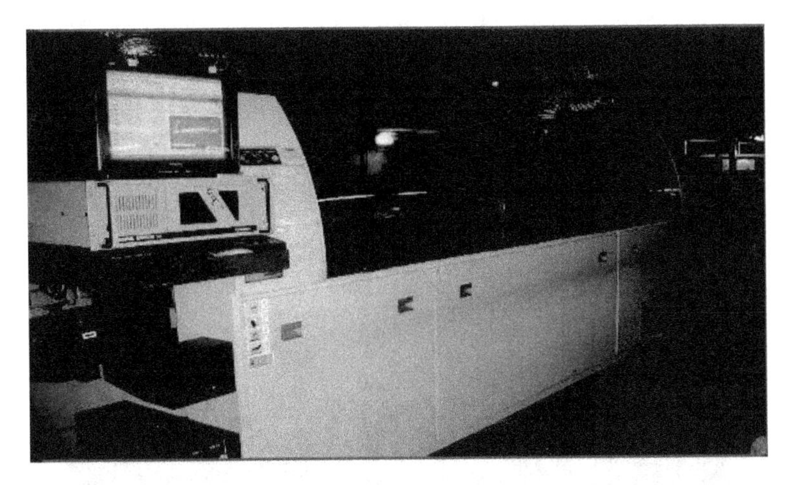

图 3.38 WS-350PC 系列波峰焊整机图

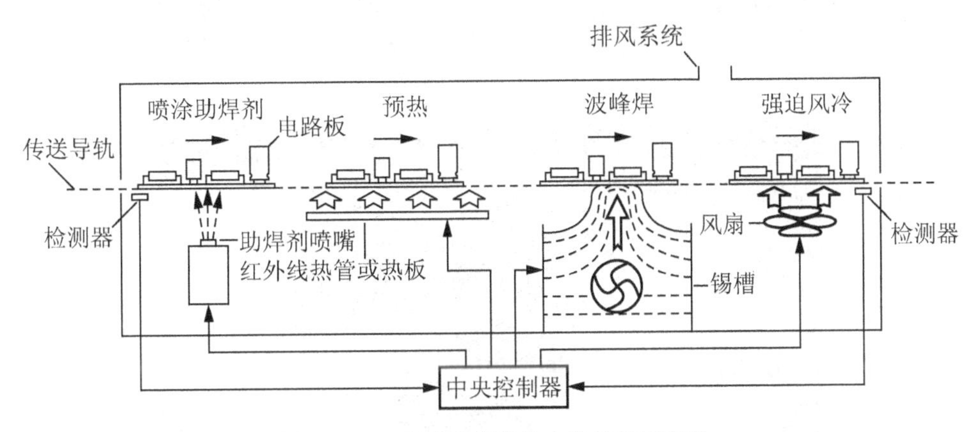

图 3.39 一般波峰焊机的内部结构示意图

工作流程：PCB 板通过链条传输进行表面助焊剂涂布；经预热器预热后进行波峰焊锡(单波或双波峰)；然后由风扇冷却致出口。

工艺参数的设定：助焊剂比重(保持恒定)；预热温度(90～110℃，调温或调速)；焊接温度(245℃±5℃)。；焊接时间(3～5s)；波峰高度(2/3 Board)；传送角度(5～7℃)。

预热器预热的作用：使助焊剂活化，去除零件脚或 PCB 板铜泊表面氧化物；将助焊剂中其他溶剂(如水分)蒸化掉，防止波峰焊时发生溅锡；提高 PCB 板及零件温度，减少热冲力以及热应力。

5. SMT(表面贴装)工艺常用的自动焊接设备的工作原理及操作要点

1) SMT(表面贴装)工艺常用的自动焊接设备介绍

常用设备主要有锡膏印刷机、贴片机(高/中/低速)、再流焊等设备。再流焊工作原理：再流焊是 SMT 的主要焊接方法，它是先在 PCB 焊盘上涂布适量的焊膏，在其上安放元器件，利用焊膏的粘接性对元器件临时固定，然后靠外部热源使焊膏中的焊料熔化再流动，从而达到焊接目的。

再流焊类型：对流红外再流焊；热板红外再流焊；气相再流焊(VPS)；激光再流焊；热风型再流。

SMT常见设备如图3.40(a)、图3.40(b)、图3.40(c)、图3.40(d)、图3.40(e)所示。

(a) 半自动锡膏印刷机

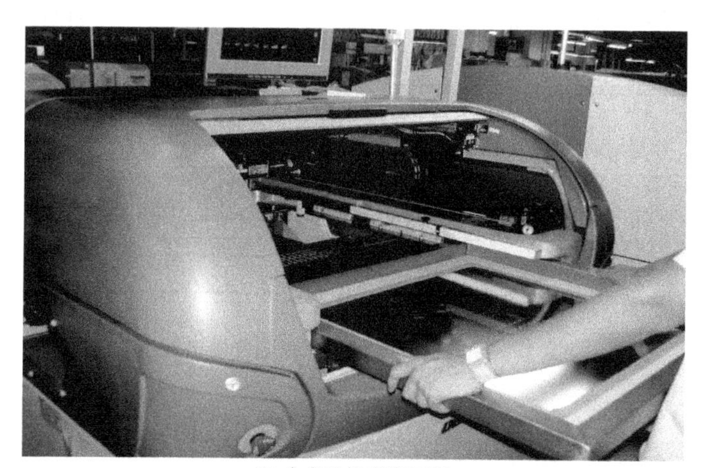

(b) 全自动锡膏印刷机

(c) 低速贴片机

图3.40　SMT常见设备

(d) 高速贴片机

(e) 热风型再流焊

图 3.40　SMT 常见设备(续)

2）常用的 SMT 专业术语

SMT：Surface Mount Technology——表面黏着技术

AI：Auto-Insertion——自动插件

AQL：Acceptable Quality Level——允收水平

ATE：Automatic Test Equipment——自动测试

ATM：Atmosphere——气压

BGA：Ball Grid Array——球形矩阵

CCD：Charge Coupled Device——监视连接组件(摄影机)

CLCC：Ceramic Leadless Chip Carrier——陶瓷引脚载具

COB：Chip-On-Board——芯片直接贴附在电路板上

cps：centipoises 百分之一(黏度单位)

CSB：Chip Scale Ball Grid Array——芯片尺寸 BGA

CSP：Chip Scale Package——芯片尺寸构装

CTE：Coefficient of Thermal Expansion——热膨胀系数

DIP：Cual In-line Package——双内线包装(泛指手插组件)

FPT：Fine Pitch Technology——微间距技术

FR-4：Flame-Retardant Substrate——玻璃纤维胶片

IC：Integrate Circuit——集成电路

IR：Infra-Red——红外线

kPa：kilo Pascals——压力单位

LCC：Leadless Chip Carrier——引脚式芯片承载器

MCM：Multi-Chip Module——多层芯片模块

MELF：Metal Electrode Face——二极管

MQFP：Metalized QFP——金属四方扁平封装

NEPCON：National Electronic Package and Production Conference——国际电子包装及生产会议

PBGA：Lastic Ball Grid Array——塑料球形矩阵

PCB：Rinted Circuit Board——印制电路板

PFC：Olymer Flip Chip——聚合物倒装芯片

PLCC：Lastic Leadless Chip Carrier——塑料式有引脚芯片承载器

ppm：parts per million——指每百万 PAD(点)有多少个不良 PAD(点)

psi：pounds/inch^2——磅/英寸^2

PWB：Printed Wiring Board——电路板

QFP：Quad Flat Package——四边平坦封装

SIR：Surface Insulation Resistance——绝缘阻抗

SMC：Surface Mount Component——表面粘着元件

SMD：Surface Mount Device——表面粘着组件

SMEMA：Surface Mount Equipment——表面贴装厂房设备

Manufacturers Association——表面粘着设备制造协会

SMT：Surface Mount Technology——表面粘着技术

SOIC：Small Outline Integrated Circuit——小外型集成电路

SOJP：Amall Outline J-leaded Package——小型 J-引线封装

SOP：Small Outline Package——小外型封装

SOT：Small Outline Transistor——晶体管

SPC：Statistical Process Control——统计过程控制

SSOP：Shrink Small Outline Package——收缩型小外形封装

TAB：Tape Automaticed Bonding——带状自动结合

TCE：Thermal Coefficient of Expansion——膨胀(因热)系数
GTG：Glass Transition Temperature——玻璃转换温度
THD：Through Hole Device——须穿过洞之组件(贯穿孔)
TQFP：Tape Quad Flat Package——带状四方平坦封装
UV：Ultraviolet——紫外线
mBGA：micro BGA——微小球型矩阵
cBGA：ceramic BGA——陶瓷球型矩阵
PTH：Plated Thru Hole——导通孔
IA：Information Appliance——信息家电产品
Mesh：网目
Oxide：氧化物
Flux：助焊剂
LGA：Land Grid Arry——封装技术，LGA 封装不需植球，适合轻薄短小产品应用
TCP：Tape Carrier Package——载带封装
ACF：Anisotropic Conductive Film——方性导电胶膜制程
Solder Mask：防焊漆
Soldering Iron：烙铁
Solder Balls：锡球
Solder Splash：锡渣
Solder Skips：漏焊
Through Hole：贯穿孔
Touch up：补焊
Briding：桥接(短路)
Solder Wires：焊锡线
Solder Bars：锡棒
Transter Pressure：转印压力(印刷)
Screen Printing：刮刀式印刷
Solder Powder：锡颗粒
Viscosity：黏度
Solderability：焊锡性
Applicability：使用性
Flip Chip：覆晶
Depaneling Machine：组装电路板切割机
Solder Recovery System：锡料回收再使用系统
Wire Welder：主机板补线机
X-Ray Multi-layer Inspection System：X-Ray 孔偏检查机
BGA Open/Short X-Ray Inspection Machine：BGA X-Ray 检测机
Prepreg Copper Foil Sheeter：铜箔裁切机

Flex Circuit Connections：软性排线焊接机
LCD Rework Station：液晶显示器修护机
Battery Electro Welder：电池电极焊接机
PCMCIA Card Welder：PCMCIA 卡连接器焊接
Laser Diode：半导体雷射
Ion Lasers：离子雷射
Nd：YAG Laser：石榴石雷射
DPSS Lasers：半导体激发固态雷射
Ultrafast Laser System：超快雷射系统
MLCC Equipment：积层组件生产设备
Green Tape Caster：薄带成型机
ISO Static Laminator：积层组件均压机
Green Tape Cutter：组件切割机
Chip Terminator：积层组件端银机
MLCC Tester：积层电容测试机
Components Vision Inspection System：芯片组件外观检查机
Capacitor Life Test with Leakage Current：电容漏电流寿命测试机
Taping Machine：芯片打带包装机
Surface Mounting Equipment：组件表面黏着设备
Silver Electrode Coating Machine：电阻银电极沾附机
TFT-LCD：薄膜晶体管液晶显示器(笔记型用)
STN-LCD：中小尺寸超扭转向液晶显示器(行动电话用)
PDA：个人数字助理器
CMP：化学机械研磨制程
Slurry：研磨液
Compact Flash Memory Card：MP3、PDA、数位相机
Dataplay Disk：微光盘
SPS：交换式电源供应器
EMS：专业电子制造服务
PCB：高密度连结板
HDI board：指线宽/线距小于 4/4 mil
Micro-via board：微小孔板，孔径 5～6mil 以下
Puddle Effect：水沟效应
STH：早期大面积松宽线路之蚀刻银贯孔
CTH：铜贯孔
Depaneling Machine：组装电路板切割机
NONCFC：无氟氯碳化合物
Support Pin：支撑柱

F. M.：光学点

ENTEK：裸铜板上涂一层化学药剂使PCB的pad比较不会生锈

QFD：质量机能展开

PMT：产品成熟度测试

ORT：持续性寿命测试

FMEA：失效模式与效应分析

TFT-LCD：Liquid-Crystal Displays Addressed by Thin-Film Transistors——薄膜晶体管液晶显示器

Lead Frame：导线架

Discrete Lead Frame：单体导线架

IC Lead Frame：积体线路导线架

ISP：Internet Service Provider——因特网服务提供

ADSL：非对称数字用户回路调制解调器

SOP：Standard Operation Procedure——标准操作手册

Wire Bonding：打线接合

TAB：Tape Automated Bonding——卷带式自动接合

Flip Chip：覆晶接合

JIS：日本工业标准

ISO：国际认证

M. S. D. S：国际物质安全资料

FLUX SIR：加湿绝缘阻抗值

RMA：Return Material Authorization——维修作业，意指产品售出后经由客户反应发生问题的不良品维修及分析

AOI：Automatic Optical Inspection——自动光学检查

3）基本工艺

（1）热风回流焊过程中，焊膏需经过以下几个阶段：溶剂挥发；焊剂清除焊件；表面的氧化物；焊膏的熔融；再流动；焊膏的冷却；凝固。

（2）工艺分区的主要内容如下。

① 预热区的作用：使PCB和元器件预热，达到平衡，同时除去焊膏中的水分、溶剂，以防焊膏发生塌落和焊料飞溅。要保证升温比较缓慢，溶剂挥发。较温和，对元器件的热冲击尽可能小，升温过快会造成对元器件的伤害，如会引起多层陶瓷电容器开裂。同时还会造成焊料飞溅，使在整个PCB的非焊接区域形成焊料球以及焊料不足的焊点。

② 保温区的作用：保证在达到再流温度之前焊料能完全干燥，同时还起着焊剂活化的作用，清除元器件、焊盘、焊粉中的金属氧化物。时间约60～120s，根据焊料的性质有所差异。

③ 再流焊区的作用：焊膏中的焊料使金粉开始熔化，再次呈流动状态，替代液态焊剂润湿焊盘和元器件，这种润湿作用导致焊料进一步扩展，对大多数焊料润湿时间为60～

90s。再流焊的温度要高于焊膏的熔点温度，一般要超过熔点温度20℃才能保证再流焊的质量。有时也将该区域分为两个区，即熔融区和再流区。

④ 冷却区的作用：焊料随温度的降低而凝固，使元器件与焊膏形成良好的电接触，冷却速度要求同预热速度相同。

(3) 影响焊接性能的因素主要有以下几种。

① 工艺因素：焊接前处理方式、处理的类型、方法、厚度、层数。

② 焊接工艺的设计分为以下几部分。

a. 焊区：指尺寸、间隙、焊点间隙。

b. 导带(布线)：形状、导热性、热容量。

c. 被焊接物：指焊接方向、位置、压力、粘合状态等。

d. 焊接条件：指焊接温度与时间、预热条件、加热、冷却速度、焊接加热的方式、热源的载体的形式(波长、导热速度等)。

③ 焊接材料分为以下几种。

a. 焊剂：成分、浓度、活性度、熔点、沸点等。

b. 焊料：成分、组织、不纯物含量、熔点等。

c. 母材：母材的组成、组织、导热性能等。

d. 焊膏的黏度、比重、触变性能。

e. 基板的材料、种类、包层金属等。

(4) 几种焊接缺陷及其解决措施内容如下。

① 回流焊中的锡球。回流焊中锡球形成的机理：回流焊接中的锡球，常常藏于矩形片式元器件两端之间的侧面或细距引脚之间。在元器件贴装过程中，焊膏被置于片式元器件的引脚与焊盘之间，随着印制板穿过回流焊炉，焊膏熔化变成液体，如果与焊盘和器件引脚等润湿不良，液态焊锡会因收缩而使焊缝填充不充分，所有焊料颗粒不能聚合成一个焊点。部分液态焊锡会从焊缝流出，形成锡球。因此，焊锡与焊盘和器件引脚润湿性差是导致锡球形成的根本原因。

与相关工艺有关的原因及解决措施如下。

a. 回流温度曲线设置不当，焊膏的回流是温度与时间的函数，如果未到达足够的温度或时间，焊膏就不会回流。预热区温度上升速度过快，达到平顶温度的时间过短，使焊膏内部的水分、溶剂未完全挥发出来，到达回流焊温区时，引起水分、溶剂沸腾，溅出焊锡球。实践证明，将预热区温度的上升速度控制在1～4℃/s是较理想的。

b. 如果总在同一位置上出现焊球，就有必要检查金属板设计结构。

c. 如果在贴片至回流焊的时间过长，则因焊膏中焊料粒子的氧化，焊剂变质、活性降低，会导致焊膏不回流，焊球则会产生。选用工作寿命长一些的焊膏(至少4小时)，则会减轻这种影响。

d. 另外，焊膏印错的印制板清洗不充分，使焊膏残留于印制板表面及通孔中。回流焊之前，被贴放的元器件重新对准、贴放，使漏印焊膏变形。这些也是造成焊球的原因。因此应加强操作者和工艺人员在生产过程的责任心，严格遵照工艺要求和操作规程行生产，加强工艺过程的质量控制。

② 立片问题(曼哈顿现象)如图 3.41 所示。

图 3.41　立片过程图

回流焊中立片形成的机理：矩形片式元器件的一端焊接在焊盘上，而另一端则翘立，这种现象就称为曼哈顿现象。引起该种现象的主要原因是元器件两端受热不均匀，焊膏熔化有先后所致。

以下主要分析与相关工艺有关的原因及解决措施。

a. 有缺陷的元器件排列方向设计。设想在再流焊炉中有一条横跨炉子宽度的再流焊限线，一旦焊膏通过它就会立即熔化。片式矩形元器件的一个端头先通过再流焊限线，焊膏先熔化，完全浸润元器件的金属表面，具有液态表面张力；而另一端未达到 183℃液相温度，焊膏未熔化，只有焊剂的粘接力，该力远小于再流焊焊膏的表面张力，因而使未熔化端的元器件端头向上直立。因此，保持元器件两端同时进入再流焊限线，使两端焊盘上的焊膏同时熔化，形成均衡的液态表面张力，保持元器件位置不变。

b. 在进行汽相焊接时印制电路组件预热不充分。汽相焊是利用惰性液体蒸汽冷凝在元器件引脚和 PCB 焊盘上时，释放出热量而熔化焊膏。汽相焊分平衡区和饱和蒸汽区，在饱和蒸汽区焊接温度高达 217℃，在生产过程中人们发现，如果被焊组件预热不充分，经受 100 多度的温差变化，汽相焊的汽化力容易将小于 1206 封装尺寸的片式元器件浮起，从而产生立片现象。通过将被焊组件在高低箱内以 145～150℃的温度预热 1～2min，然后在汽相焊的平衡区内再预热 1min 左右，最后缓慢进入饱和蒸汽区焊接消除了立片现象。

c. 焊盘设计质量的影响。若片式元器件的一对焊盘大小不同或不对称，也会引起漏印的焊膏量不一致，小焊盘对温度响应快，其上的焊膏易熔化，大焊盘则相反，所以，当小焊盘上的焊膏熔化后，在焊膏表面张力作用下，将元器件拉直竖起。焊盘的宽度或间隙过大，也都可能出现立片现象。严格按标准规范进行焊盘设计是解决该缺陷的先决条件。

③ 细间距引脚桥接问题。导致细间距元器件引脚桥接缺陷的主要因素有：漏印的焊膏成型不佳；印制板上由有缺陷的细间距引线制作；不恰当的回流焊温度曲线设置等。因而，应从模板的制作、丝印工艺、回流焊工艺等关键工序的质量控制入手，尽可能避免桥接隐患。

④ 回流焊接缺陷分析内容如下。

a. 吹孔(Blowholes)：焊点(Solder Joint)中所出现的孔洞，大者称为吹孔，小者叫做针孔，皆由膏体中的溶剂或水分快速氧化所致。

对策：调整预热温度，以赶走过多的溶剂；调整锡膏黏度；提高锡膏中金属含量百分比。

b. 空洞(Voids)：是指焊点中的氧体在硬化前未及时逸出所致，将使得焊点的强度不足，将衍生而致破裂。

对策：调整预热尽量赶走锡膏中的氧体；增加锡膏的黏度；增加锡膏中金属含量百分比。

c. 零件移位及偏斜(Movement And Misalignnent)：造成零件焊后移位的原因可能有锡膏印不准、厚度不均、零件放置不当、热传不均、焊垫或接脚之焊锡性不良、助焊剂活性不足、焊垫比接脚大得太多等，情况较严重时甚至会形成碑立，尤以质轻的小零件为甚。

对策：改进零件的精准度；改进零件放置的精准度；调整预热及熔焊的参数；改进零件或板子的焊锡性；增强锡膏中助焊剂的活性；改进零件及与焊垫之间的尺寸比例；不可使焊垫太大。

d. 缩锡(Dewetting)：件脚或焊垫的焊锡性不佳。

对策：改进电路板及零件之焊锡性；增强锡膏中助焊剂之活性。

e. 焊点灰暗(Dull Jint)：可能有金属杂质污染或给锡成分不在共熔点，或冷却太慢，使得表面不亮。

对策：防止焊后装配板在冷却中发生震动；焊后加速板子的冷却率。

f. 不沾锡(Non-Wetting)：接脚或焊垫之焊锡性太差，助焊剂活性不足或热量不足所致。

对策：提高熔焊温度；改进零件及板子的焊锡性；增加助焊剂的活性。

g. 焊后断开(Open)：常发生于J型接脚与焊垫之间，其主要原因是各脚的共面性不好，以及接脚与焊垫之间的热容量相差太多所致(焊垫比接脚不容易加热及蓄热)。

对策：改进零件脚之共面性；增加印膏厚度，以克服共面性之少许误差；调整预热，以改善接脚与焊垫之间的热差；增加锡膏中助焊剂之活性；减少焊热面积，接近与接脚在受热上的差距；调整熔焊方法；改变合金成分(比如将63/37改成10/90，令其熔融延后，使焊垫也能及时达到所需的热量)。

THT工艺流程如图3.42所示。

SMT工艺流程图3.43所示。

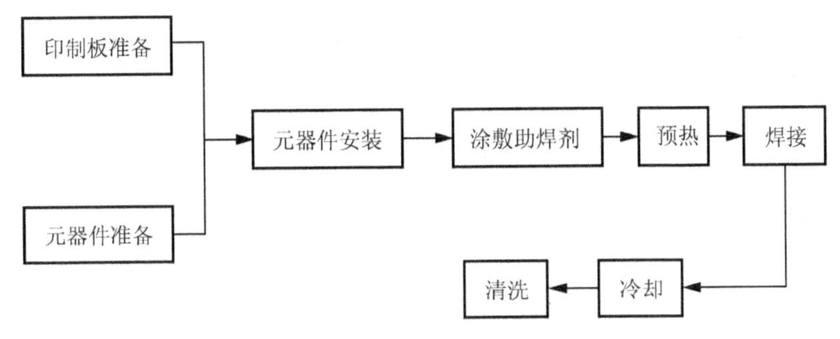

图 3.42　THT 工艺流程图

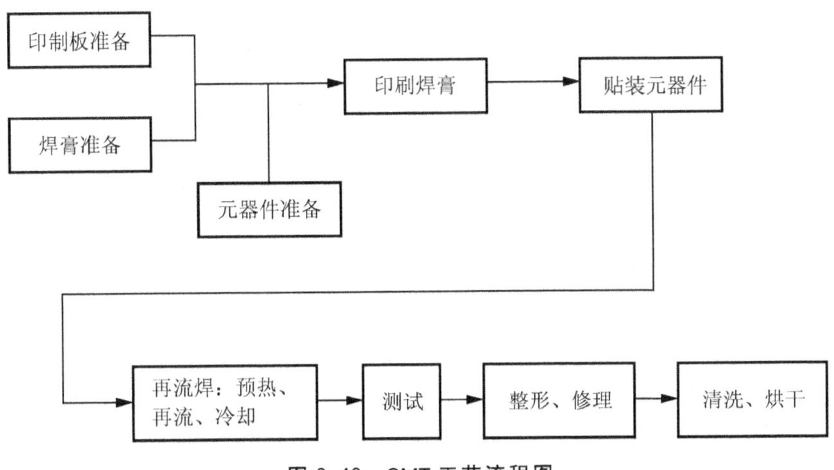

图 3.43　SMT 工艺流程图

3.3　项目评价

项目评价见表 3－31。

表 3－31　项目评价

考核项目	考核要求	配分	评分标准	扣分	得分	备注
准备工作	1. 掌握焊接的相关知识 2. 掌握焊料的特点及焊料的选择 3. 掌握无铅焊的相关知识 4. 自动焊接设备的工作原理及操作要点	25	按照相关的资料知识点进行抽查			
表面贴装设备选择	1. 根据要求选择表面贴装设备 2. 对所选择设备进行检测	35	1. 是否正确选择 SMT 自动焊接设备 2. 用仪器检测判断所选择设备是否完好正常			

续表

考核项目	考核要求	配分	评分标准	扣分	得分	备注
设备测试检修	1. 安装及检测过程中的注意事项 2. 通电运行中的参量测定 3. 若通电后不能正常运行，能否排除故障	25	1. 设备使用中的注意事项 2. 正确测试方法和结果 3. 安装过程的规范操作 4. 能根据不同的现象排除线路常见故障，并排除所涉及故障，检修线路			
安全生产	自觉遵守安全文明生产规程	15	1. 有无漏接接地线 2. 有无发生安全事故			
时间	3 小时		提前正确完成，每 5 分钟加 2 分 超过定额时间，每 5 分钟扣 2 分			
开始时间：		结束时间：		实际时间：		

项目4

常用拆焊工具的介绍

4.1 项目任务

常见拆焊工具的项目内容见表4-1。

表4-1 常用拆焊工具的项目内容

项目内容	1. 掌握电烙铁的基本结构组成及工作原理 2. 掌握吸锡枪基本知识及使用 3. 热风枪的相关知识(工作原理、使用方法) 4. 通针的相关知识(通针的选用、使用方法)
重难点	1. 电烙铁的选用 2. 吸锡枪的正确使用 3. 热风枪的正确使用 4. 通针的正确选用及正确使用
操作原则与安全注意事项	1. 一般原则：培训的学员必须在指导老师的指导下才能操作。请务必按照技术文件要求和各独立元器件的使用要求使用，以确保人员和设备安全 2. 保护接地：把电气设备的金属外壳及与外壳相连的金属构架用接地装置与大地可靠地连接起来，以保证人身安全的保护方式，叫保护接地，简称接地

项目导读

电烙铁是手工焊接的基本工具，它的作用是把适当的热量传送到焊接部位，以便只熔化焊料而不熔化元器件，使焊料与被焊金属连接起来。正确使用电烙铁是电子装配工必须具备的技能之一。

项目任务书

焊接工艺任务书见表4-2和表4-3。

表 4-2　烙铁与锡枪的选择和使用

<table>
<tr><td rowspan="2">××学院</td><td rowspan="2">焊接工艺任务书</td><td>文件编号</td><td></td></tr>
<tr><td>版　次</td><td></td></tr>
<tr><td></td><td></td><td colspan="2">共 2 页/第 1 页</td></tr>
<tr><td>工序号：4</td><td>工序名称：烙铁与锡枪的选择和使用</td><td colspan="2">作业内容</td></tr>
<tr><td colspan="2" rowspan="17">外热式烙铁
内热式烙铁
恒温烙铁
吸锡枪</td><td>1</td><td>首先确定认识热风枪的组成、功能</td></tr>
<tr><td>2</td><td>掌握电烙铁的种类</td></tr>
<tr><td>3</td><td>电烙铁的选择和使用</td></tr>
<tr><td>4</td><td>电烙铁的 3 种握法</td></tr>
<tr><td>5</td><td>吸锡枪的结构组成及作用</td></tr>
<tr><td>6</td><td>吸锡枪的使用方法</td></tr>
<tr><td colspan="2">使用工具</td></tr>
<tr><td colspan="2">静电环、手套、锡线、镊子、剪钳、烙铁、吸锡枪</td></tr>
<tr><td colspan="2">※工艺要求(注意事项)</td></tr>
<tr><td>1</td><td>清洁相关设备，带好防静电腕连带，带好静电手套</td></tr>
<tr><td>2</td><td>掌握基本结构组成及种类，选择和使用，3 种握法</td></tr>
<tr><td>3</td><td>使用前必须检查两股电源线和保护接地线的接头是否接对。否则会导致元器件损伤，严重时还会引起操作人员触电。用万用表检测两电源线的阻值是否为 1.5kΩ 左右；新电烙铁初次使用，应先对烙铁头上锡；烙铁头应经常保持清洁；工作时要放在特制的烙铁架上</td></tr>
<tr><td>4</td><td>掌握吸锡枪的结构组成及作用，使用方法</td></tr>
</table>

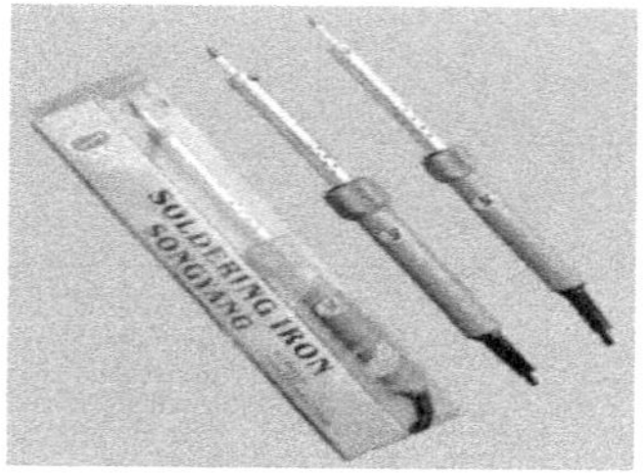

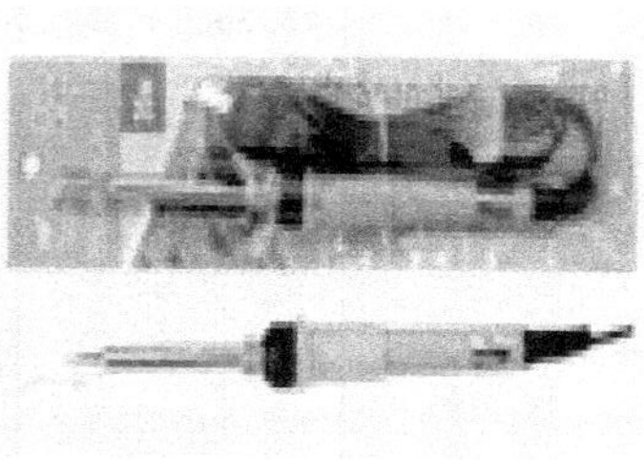

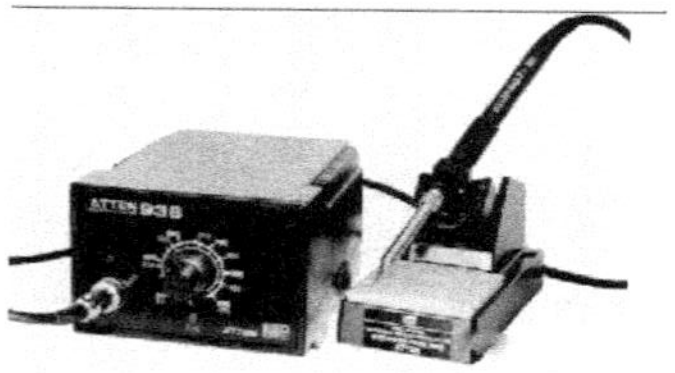

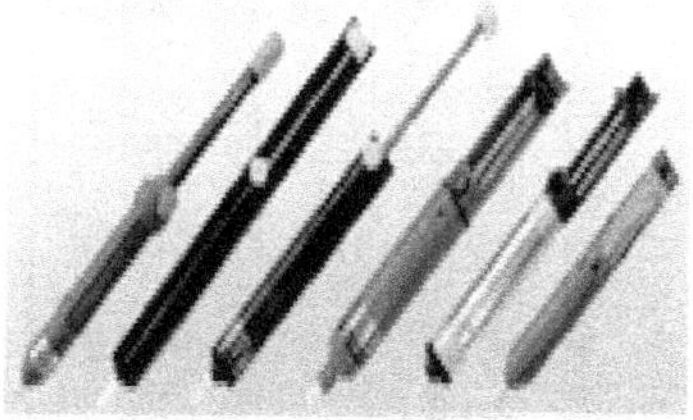

<table>
<tr><td>更改标记</td><td></td><td>编　制</td><td></td><td>批　准</td><td></td></tr>
<tr><td>更改人签名</td><td></td><td>审　核</td><td></td><td>生产日期</td><td></td></tr>
</table>

表 4-3 热风枪与通针的选择和使用

<table>
<tr><td rowspan="3">× ×学院</td><td rowspan="3">焊接工艺任务书</td><td>文件编号</td><td colspan="2"></td></tr>
<tr><td>版　　次</td><td colspan="2"></td></tr>
<tr><td colspan="3">共 2 页/第 2 页</td></tr>
<tr><td>工序号：4</td><td>工序名称：热风枪与通针的选择和使用</td><td colspan="3">作业内容</td></tr>
<tr><td colspan="2" rowspan="12">调节风力处
调节风力处
用热风枪吹贴片小型贴片元件
用热风枪吹贴片集成电路</td><td>1</td><td colspan="2">首先确定认识热风枪的组成、功能</td></tr>
<tr><td>2</td><td colspan="2">使用热风枪拆焊小型贴片元器件</td></tr>
<tr><td>3</td><td colspan="2">使用热风枪拆焊集成电路</td></tr>
<tr><td>4</td><td colspan="2">使用提醒：热风枪的喷头要垂直焊接面，距离要适中，热风枪的温度和气流都要适当，吹焊结束时，应及时关闭热风枪电源，以免手柄长期处于高温状态，缩短使用寿命</td></tr>
<tr><td>5</td><td colspan="2">通针的功能及使用方法</td></tr>
<tr><td colspan="3">使用工具</td></tr>
<tr><td colspan="3">静电环、手套、锡线、镊子、剪钳、烙铁、吸锡枪</td></tr>
<tr><td colspan="3">※工艺要求(注意事项)</td></tr>
<tr><td>1</td><td colspan="2">清洁相关设备，带好防静电腕连带，带好静电手套</td></tr>
<tr><td>2</td><td colspan="2">使用热风枪时要根据要拆焊的元件类型选择不同的喷头</td></tr>
<tr><td>3</td><td colspan="2">热风枪吹焊小贴片元器件采用小嘴喷头，热风枪的温度调至 2～3 档，风速调至 1～2 档使热风枪的喷头离欲拆卸的元件 2～3cm，并保持垂直，在元器件的上方均匀加热，待元器件周围的焊锡熔化后，用手指钳或镊子将其取下</td></tr>
<tr><td>4</td><td colspan="2">热风枪吹焊贴片集成电路时，首先应该在芯片的表面涂放适量的助焊剂，可防止干吹，能帮助芯片底部的焊点均匀熔化。由于贴片集成电路的体积相对较大，温度调至 3～4 档，风速调至 2～3 档，风枪的喷头离芯片 2.5cm 左右</td></tr>
</table>

更改标记		编　　制		批　　准	
更改人签名		审　　核		生产日期	

4.2 项目准备

1. 焊接实训的材料清单

材料清单见表 4 - 4。

表 4 - 4 材料清单

序号	名称	数量	该元器件功能	备注
1	35W 的电烙铁	2	用于焊接电路	
2	镊子	2	用于元器件的整形	
3	印制电路	2	用于练习焊接	
4	吸锡枪	2	用于吸掉多余焊料	

2. 焊接步骤

手工焊接步骤如图 4.1 所示。

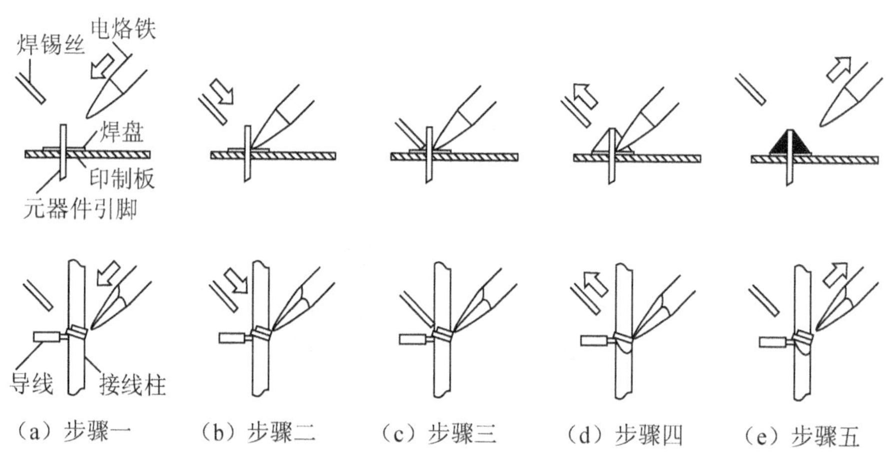

图 4.1 手工焊接步骤

4.3 项目知识

1. 烙铁的认识及使用

1) 掌握烙铁基本结构组成及工作原理

(1) 基本组成：烙铁心、烙铁头、连接支架、手柄等。

(2) 作用：将电能转化为热能。

(3) 工作原理：加热焊接部位融化焊锡，并在焊料和被焊金属之间形成一层合金，使其牢固地连接在一起。

(4) 烙铁拆装：①松开柄上固定电源线的紧固螺钉；②旋下手柄；③松开接线柱上的螺钉，取下电源线和烙铁心引线；④从烙铁连杆内取出烙铁心；⑤从烙铁连杆上拨下烙铁头；⑥安装按上述顺序反向进行。

(5) 烙铁头的介绍及注意事项如下。

烙铁头的介绍：烙铁头的构成图如图 4.2 所示。

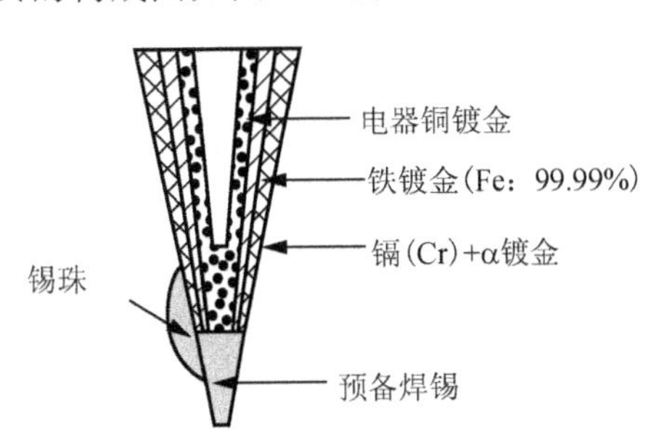

图 4.2　烙铁头的构成图

不同材料对烙铁头的影响如下。

① 电气铜镀金：对 Tip 寿命有直接影响。Tip 温度高的时候；使用时温度范围宽的情况；长期插电时镀金部疲劳，镀金层脱离缩短寿命。

② 铁镀金：温度高或长期使用铁被氧化，与锡黏结不好就无法焊锡。

③ (Cr)＋α 镀金部：防止锡上升的作用，镉(Cr)＋α 镀金脱掉时锡会向上移动影响焊锡作业。

锡上升现象的原因如下。

① 烙头温度高镉(Cr)＋α 镀金层脱掉，镉(Cr)＋α 镀金氧化时 300℃时开始，450℃急速氧化。

② 烙铁头反复清洗(高温→冷却)时金属疲劳，镀金层会脱掉。

③ 使用高活性 Flux 时镉(Cr)＋α 镀金层被腐蚀、脱离，会侵入锡珠。

烙铁头温度的确认，认真观察锡熔化时表现出的现象，见表 4-5。

表 4-5　温度与表面现象关系表

判　断	良　好	不良(温度高)	不良(温度低)
表面光滑程度	银色光滑	3 秒程度有银色光滑后渐变黄色	银色光滑(慢慢地出现)
锡熔化的程度	立即熔化	立即熔化	不易熔化
表面现象	光滑	锡的表面产生皱纹	—
烟的状况	灰白色	清白色	灰白色烟慢慢上升
Flux 状况	在烙铁头部流动润光滑	飞散 不光滑	Flux 黄色水珠慢慢消失

(6) 烙铁头的清洗注意事项：在焊接过程中，经常要用海绵加水清洗烙铁头，海绵盒上水很多时，会使烙铁头的温度会下降到 100℃左右，温度上升过慢，作业进度变慢，容易造成焊接不良，要养成控制海绵上时常有适量水的作业习惯。

烙铁头的清洗时间与温度的关系如图 4.3 所示。

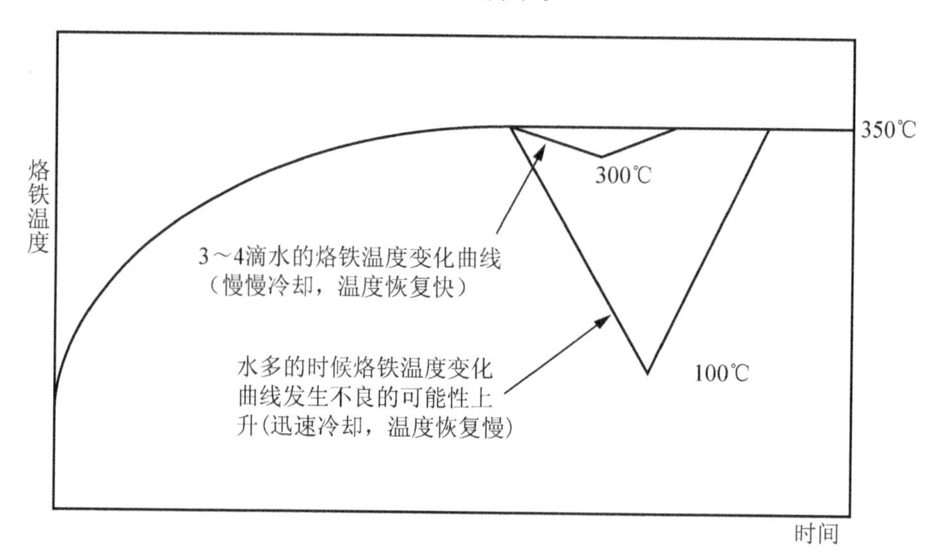

图 4.3　烙铁头的清洗时间与温度的关系曲线图

烙铁头的温度变化分析，通过图 4.4 了解烙铁头温度、焊锡时间和清洗程度对焊锡性的影响。

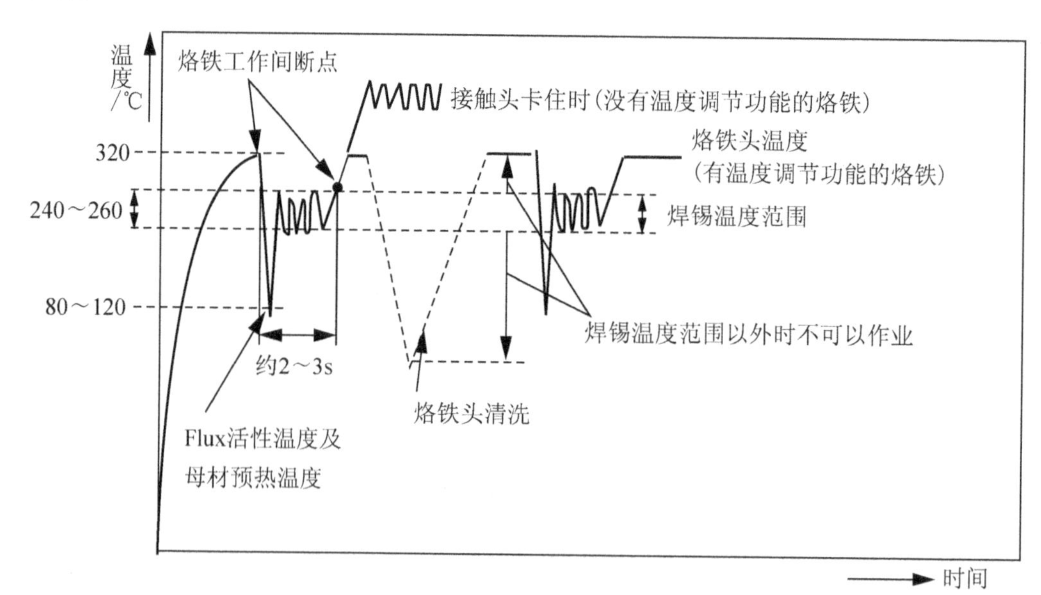

图 4.4　铁头温度、焊锡时间和清洗程度关系对焊锡性的影响图

烙铁头温度、焊锡时间和清洗程度关系对焊锡性影响图的分析如下：

① 烙铁头部温度为 320℃，但实际焊锡温度在 240～260℃之间。

② 烙铁头温度比实际温度高的原因是在焊锡时间范围内母材要充分受热。

③ 母材面积大时可提高烙铁头温度，但太高时会发生焊锡不良。

烙铁的构成注意事项如图 4.5 所示。

焊锡冶具必须安装地线(Earth)
人体有10000VOLT以上的静电
半导体部品(IC)在200V以上就会被击穿
装地线是为了清除静电
特别是长发接触到部品很危险

接地扣要与手腕接触紧密
袖口或手套要戴上

必须要有零线

扣子要扣住

200V以上

长发必须带上帽子

静电环境地夹一定要接地

图 4.5　烙铁的构成安全注意事项

2）电烙铁的分类介绍

(1) 外热式电烙铁，如图 4.6 与图 4.7 所示。

① 定义：发热体由电阻丝缠绕在云母材料上制成，而烙铁头是插入发热体内的。

② 组成：由烙铁头、烙铁心(图 4.8)、木柄、电源引线和插头等组成。

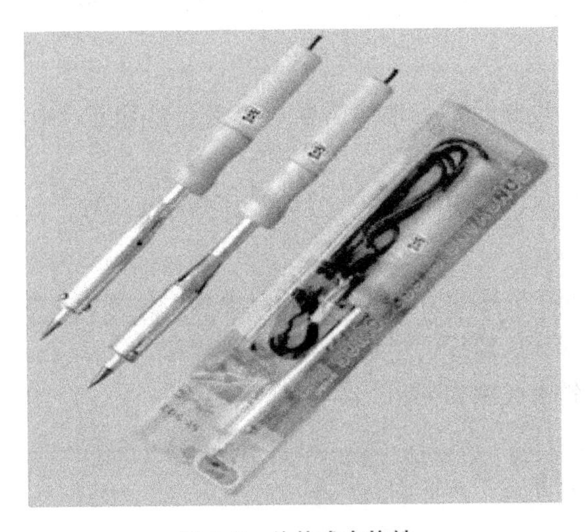

图 4.6　外热式电烙铁

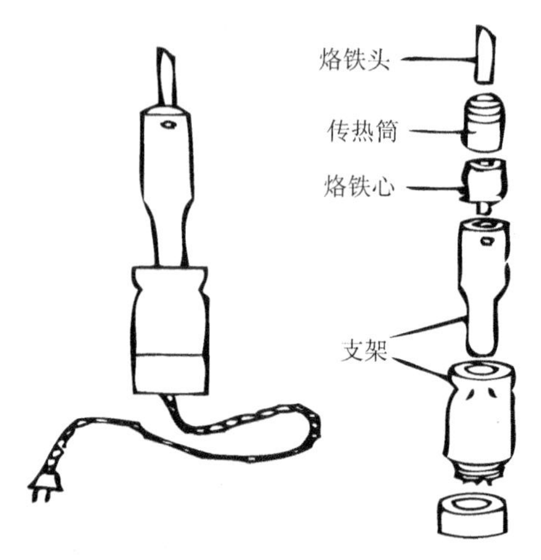

图 4.7　外热式电烙铁结构图

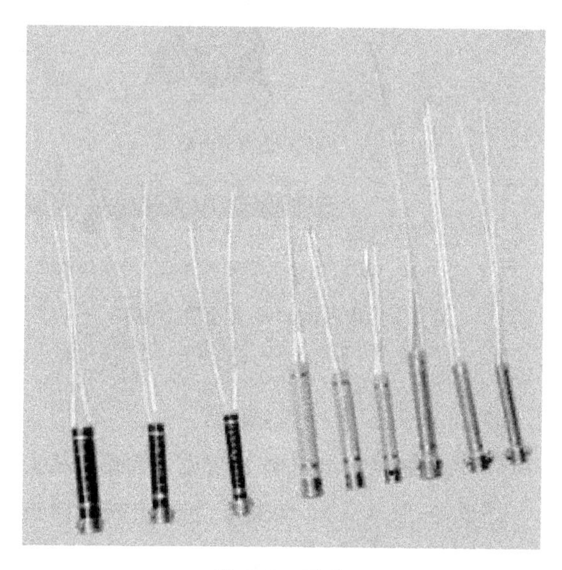

图 4.8　铁心

③ 烙铁心的构造：电热丝平行地绕制在一跟空心瓷管上，中间用云母片绝缘并引出两跟导线与 220V 交流电源连接。

④ 规格：20W、25W、30W、50W、75W、100W、150W、300W 焊接电子产品一般用 25W 的外热式电烙铁。

⑤ 特点：绝缘电阻低，漏电大，热效率低升温慢，体积大，结构简单，价格便宜。

⑥ 用途：用于导线、接地线、形状较大的器件焊接。

⑦ 常见的几种烙铁咀类型如下。

斜咀型如图 4.9 所示。

弯咀型如图 4.10 所示。

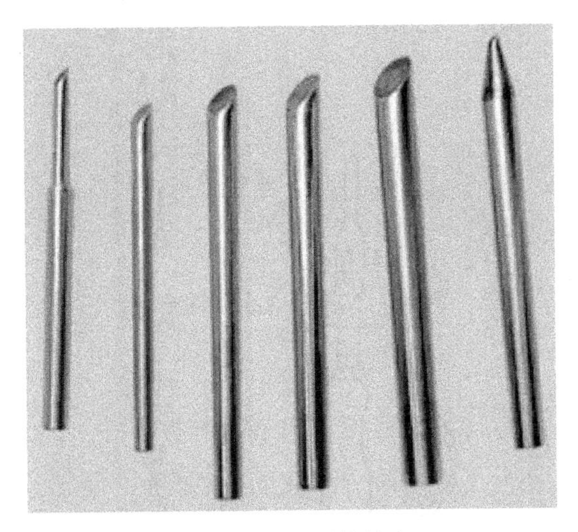

图 4.9　斜咀型烙铁头

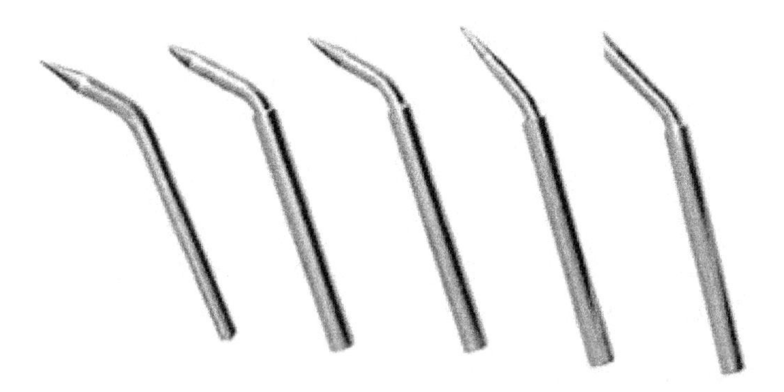

图 4.10　弯咀型烙铁头

直扁咀型如图 4.11 所示。

图 4.11　直扁咀型烙铁头

（2）内热式电烙铁，如图 4.12 所示。

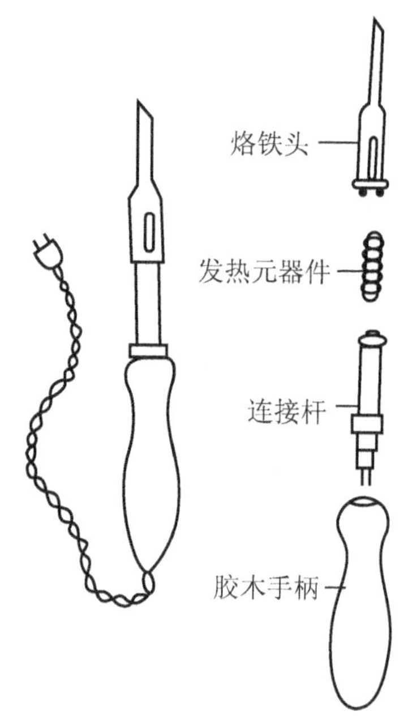

图 4.12　内热式电烙铁

① 定义：烙铁心装在烙铁头的内部，从烙铁头内部向外传导热。

② 组成：烙铁心、烙铁头、连接杆、手柄等，烙铁心由镍铬电阻丝在瓷管上制成。

③ 功率：20W、30W、50W。

④ 特点：绝缘电阻高，漏电小，热效率高，升温快，发热体制造复杂，烧断后无法修复。一把标称为 20W 的内热式电烙铁，相当于 25～45W 的外热式电烙铁产生的温度。

（3）自动温控式电烙铁，如图 4.13 所示。

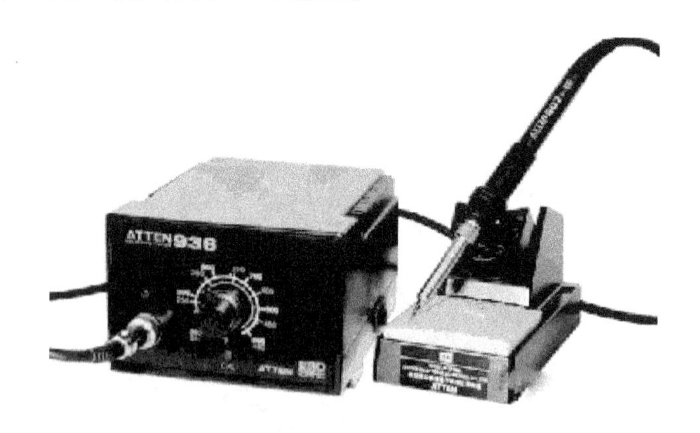

图 4.13　自动温控式电烙铁

① 定义：在普通电烙铁头上安装强磁体传感器制成。

② 工作原理：接通电源后，烙铁头的温度上升，当达到设定的温度时，传感器里的磁铁达到居里点而磁性消失，从而使磁心触点断开，这时停止向烙铁心供电；当温度低于

居里点时磁铁恢复磁性，与永久磁铁吸合，触点接通，继续向电烙铁通电。

③ 优点：比普通电烙铁省电二分之一，焊料不易氧化，能防止元器件因温度过高而损坏。

④ 手枪式电烙铁，又称单手电烙铁，可以半自动送锡。

⑤ 自动断电式电烙铁，焊接时可以自动断电，也有自动力温控功能。

3）电烙铁的选择和使用

(1) 电烙铁功率的选择：按照焊接任务的不同选用不同功率的电烙铁。一般半导体电路的元器件焊接，选用 20W 的电烙铁即可。如果焊接面积较大，可用 45W 电烙铁，焊接金属板、粗地线等大器件需用 75W 的电烙铁。

① 焊接较精密的元器件和小型元器件，宜选用 20W 内热式电烙铁或 25～45W 外热式电烙铁。

② 对连续焊接、热敏元器件焊接，应选用功率偏大的电烙铁。

③ 对大型焊点及金属底板的接地焊片，宜选用 100W 及以上的外热式电烙铁。

(2) 烙铁头分类：主要有合金头、纯铜头。

烙铁头温度的选用见表 4－6。

表 4－6　铁头温度的选用

焊接对象及工作性质	烙铁头温度(室温、220V 电压)	选用烙铁
一般印制电路板、安装导线	300～400℃	20W 内热式、30W 外热式、自动温控式
集成电路、温度敏感元器件	300～400℃	20W 内热式、自动温控式
焊片、电位器、2～8W 电阻、大电解电容、大功率三极管	350～450℃	35～50W 内热式、恒温式、50～75W 外热式
8W 以上大电阻、Φ2mm 以上导线	400～550℃	100W 内热式、150～200W 外热式
汇流排、金属板	500～630℃	300W 外热式
整机总装的导线，接线焊片(柱)、散热器、接地点		手枪式
高可靠要求产品		自动断电式及自动温控式

(3) 电烙铁的选用应遵循 4 个原则。

① 烙铁头的形状要适应被焊面的要求和焊点及元器件密度。

② 烙铁头顶端温度应能适应焊锡的熔化。

③ 电烙铁的热容量应能满足被焊件的要求。

④ 烙铁头的温度恢复时间能满足焊件的热度要求。

(4) 握电烙铁的 3 种握法：反握法、正握法、握笔法。

① 反握法：适用于大功率和热容量大的焊件，烙铁头采用直型，如图 4.14(a)所示。

② 正握法：弯头烙铁头焊接使用，如图 4.14(b)所示。

③ 握笔法：适用于小功率和热容量小的焊件，烙铁头采用直型，如图 4.14(c)所示。

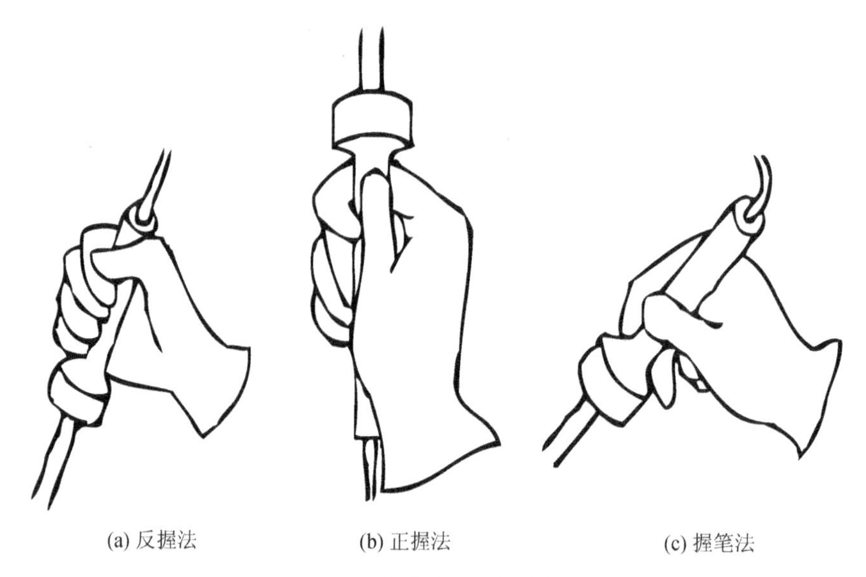

图 4.14　烙铁的几种基本握法

(5) 好的锡焊效果烙铁必须具备的条件如下。

① 烙铁温度快速稳定，热量要充分。

② 不可以漏电。

③ 消耗电力要少，热效率要高。

④ 温度的波动少，要可以连续使用。

⑤ 要轻便，容易使用。

⑥ 烙铁头的替换要容易。

⑦ 烙铁头和锡要有亲合性(要防止氧化及腐蚀)。

⑧ 对产品不能有影响。

⑨ 烙铁头形状要方便作业。

4) 故障处理

(1) 短路：检查电源线是否短路，用万用表检查烙铁心的引出线，如果阻值趋于零，则说明短路。

(2) 断路：检查电源线及插头，用万用表测烙铁阻值。

烙铁冷态阻值计算公式：$R=U^2/P=220^2/P=48400/P$。

5) 焊锡丝

焊锡丝线径的选择条件如下。

(1)印制板焊接点：0.8～1.2mm。

(2)小型端子与导线焊接：1.0～1.2mm。

(3)大型端子与导线焊接：1.2～2.0mm。

锡丝握法如图 4.15 所示。要达到良好的焊锡结果，必须要有正确的姿势。

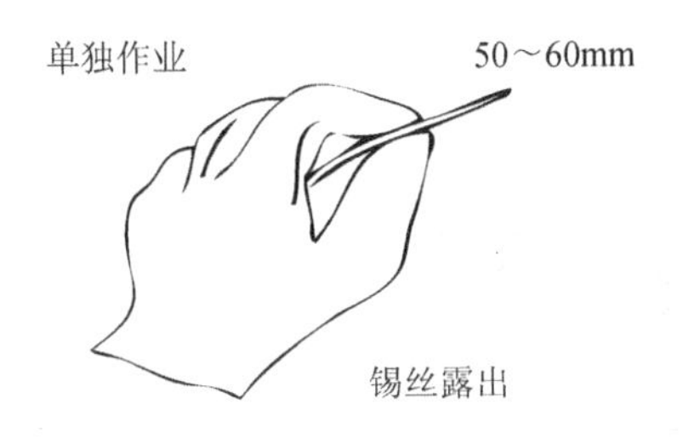

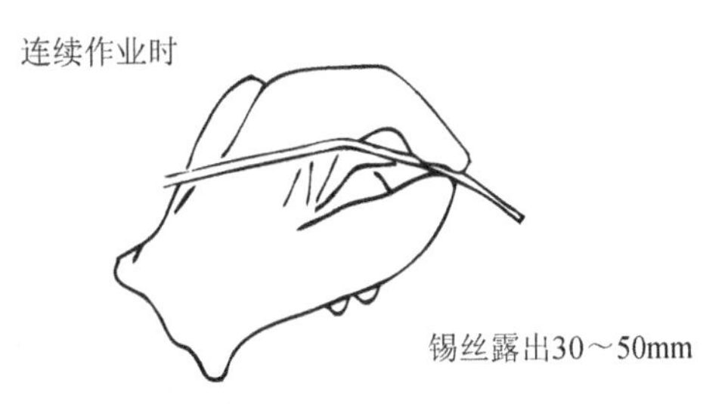

图 4.15　锡丝的正确握法

6）烙铁使用注意事项

（1）使用前必须检查两股电源线和保护接地线的接头是否接对，否则会导致元器件损伤，严重时还会引起操作人员触电。用万用表检测两电源线的阻值是否为 1.5kΩ 左右。

（2）新电烙铁初次使用，应先对烙铁头上锡。

（3）焊接时，应使用松香或中性焊剂，因酸性焊接剂易腐蚀元器件、印制线路板、烙铁头及发热器。

（4）烙铁头应经常保持清洁。

（5）电烙铁工作时要放在特制的烙铁架上。烙铁架一般应置于工作台右上方，烙铁头不能超出工作台，以免烫伤工作人员或其他物品。

（6）焊锡作业结束后烙铁头留有余锡，防止烙铁头氧化，与锡保持亲合性，可以方便作业并且延长烙铁寿命。

2. 吸锡器的认识及使用

1）吸锡器的认识

吸锡系列产品外观图如图 4.16、图 4.17 所示。

2）吸锡器系列产品的作用及分类

（1）作用：它是一种活塞式吸锡器拆卸工具

（2）分类：按品牌分为 Weller/威乐、HAKKO/白光、HOZAN/宝三、QUICK/快克；按操作方式分为手动吸锡枪和电动吸锡枪。

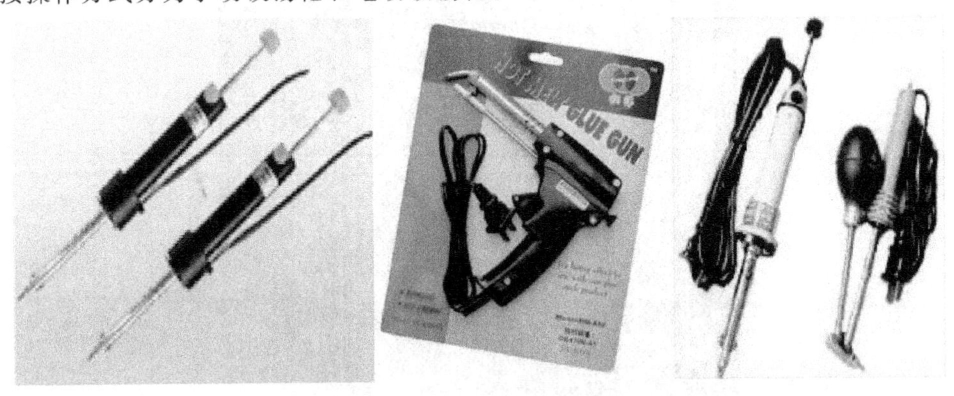

图 4.16　吸锡电烙铁外观图

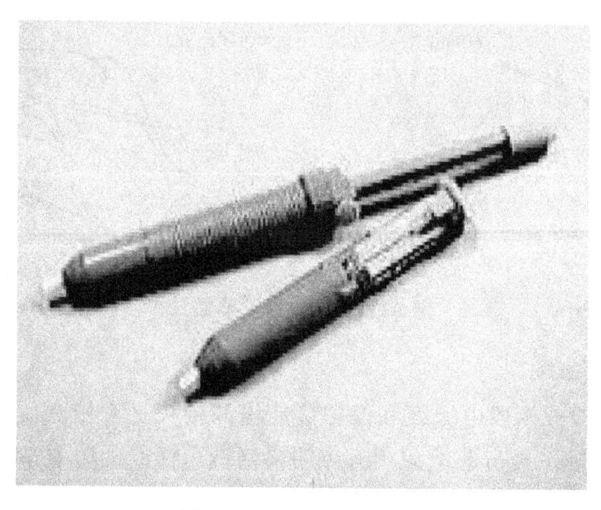

图 4.17　吸锡器外观图

3）吸锡器系列产品的使用

（1）手动吸锡枪使用方法：电源接通 3～5s 后，把活塞按下并卡住，将锡头对准元器件。待锡熔化后按按钮，活塞上升，将锡吸入吸管。用毕推动活塞三四次，清除吸管内残留的焊锡，以便下次使用。

（2）电动吸锡枪的使用方法：吸锡枪接通电源后，经过 5～10min 预热，当吸锡头的温度升至最高时，用吸锡头贴紧焊点使焊锡凝结，同时将吸锡头的内孔一侧贴在引脚上，并悄悄拨动引脚，待引脚松动、焊锡充沛凝结后，扣动扳机吸锡即可。

注意事项：根据拆焊元器件及类型不同，选择不同的吸锡枪。

3. 热风枪的认识及使用

1）热风枪的认识

热风枪外观如图 4.18 所示。

图 4.18　热风枪外观图

（1）功能：用于拆焊小型贴片元器件及贴片集成电路，如图 4.19 所示。

（2）组成：气泵、气流稳定器线性电路板、热风喷头、外壳。

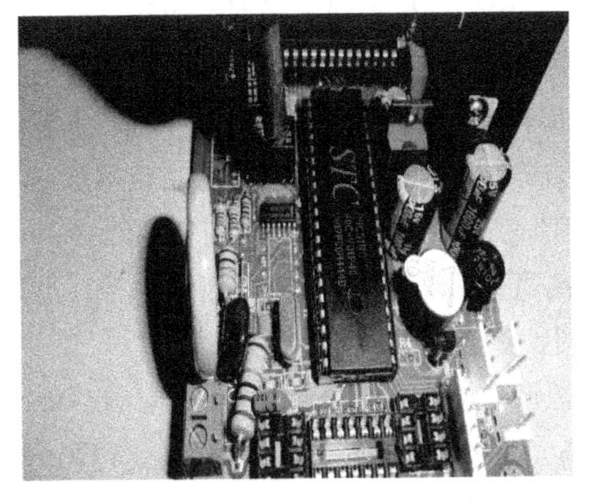

图 4.19　热风枪拆焊小型贴片元器件及贴片集成电路

2）热风枪的使用

正确使用热风枪可节约时间。如果使用不当，就可能将带塑料壳的功放吹坏或变形、CPU 损坏。现以 850 热风枪为例对使用方法进行详细介绍。

（1）吹塑料外壳功放。

在吹塑料外壳功放时，最好把热风枪的温度调到 5.5 格，热风枪的风量刻度调到 6.5～7 格，实际温度是 270～280℃，风枪嘴离功放的高度为 8cm 左右。吹功放的四边(因为金属导热快，锡很快就熔化)热量会很快进入功放的底部，这样就可将功放完好无损地取下。焊入新功放时应先用热风枪给主板加热，加热到主板下面的锡熔化时再放入功放，吹功放的四边即可。

（2）拆焊 CPU。

① 吹 CPU 时应把热风枪的枪嘴去掉，热风枪的温度调到 6 格，风量刻度调到 7～8 格，实际温度是 280～290℃，热风枪嘴离 CPU 的高度为 8cm 左右。然后用热风枪斜着吹 CPU 四边，尽量把热风吹进 CPU 下面，这样即可完好无损地取下 CPU。取下或焊上塑料排线座、键盘座和振铃，方法跟取下功放的要点相同，注意掌握热风枪的温度和风量即可。吹焊 CPU 时常会出现短路，更换新 CPU 或其他 BGA 封装 IC 时有时也会出现短路现象。经验是在吹焊 CPU 或其他 BGA 封装 IC 时，应对主板 BGA IC 位置下方清洗干净再涂上助焊剂，IC 也同样清洗干净，还要注意 IC 在主板的位置一定要准确，使用热风枪风量要小，温度应为 270～280℃。在吹焊 IC 时还应注意锡球的大小。锡球太大，吹焊时应使 IC 活动范围小些，这样 IC 下面的锡球就不容易碰到一起造成短路；若锡球较小，活动范围可大些。

② 接主板断线或掉点时，可以使用绿油、耐热胶、101、502 胶等固定。用胶固定是一个好办法，无论断多少线和掉多少点，即使飞线，也可一次完成。

③ 此外还应注意，主板上不要涂助焊剂，而应在 CPU 上涂助焊剂。开始接线时要用吸锡线把主板 CPU 处多余的锡吸净再接线，这样就不会出现凹凸不平的现象，定位更容

易。定好位后，焊接时不要用任何工具固定 CPU，CPU 下面的锡熔化后若有微小的移动，如果能看出来就说明失败，如果在焊接时看不出 CPU 移动，那就表示焊接成功。

(3) 使用热风枪拆焊扁平封装 IC。

① 拆扁平封装 IC 步骤如下。

a. 拆下元器件之前要看清 IC 方向，重装时不要放反。

b. 观察 IC 旁边及正背面有无怕热器件(如液晶、塑料元器件、带封胶的 BGA IC 等)，如有要用屏蔽罩之类的物品把它们盖好。

c. 在要拆的 IC 引脚上加适当的松香，可以使拆下元器件后的 PCB 板焊盘光滑，否则会起毛刺，重新焊接时不容易对位。

d. 把调整好的热风枪在距元件周围 20cm^2 左右的面积进行均匀预热(风嘴距 PCB 板 1cm 左右，在预热位置较快速度移动，PCB 板上温度不超过 130～160℃)。

(a) 除 PCB 上的潮气，避免返修时出现“起泡”。

(b) 避免由于 PCB 板单面(上方)急剧受热而产生的上下温差过大所导致 PCB 焊盘间的应力翘曲和变形。

(c) 减小由于 PCB 板上方加热时焊接区内零件的热冲击。

(d) 避免旁边的 IC 由于受热不均而脱焊翘起。

(e) 线路板和元器件加热：热风枪风嘴距 IC 1cm 左右距离，再沿 IC 边缘慢速均匀移动，用镊子轻轻夹住 IC 对角线部位。

(f) 如果焊点已经加热至熔点，拿镊子的手就会在第一时间感觉到，一定等到 IC 引脚上的焊锡全部都熔化后再通过“零作用力”小心地将元器件从板上垂直拎起，这样能避免将 PCB 或 IC 损坏，也可避免 PCB 板留下的焊锡短路。加热控制是返修的一个关键因素，焊料必须完全熔化，以免在取走元器件时损伤焊盘。与此同时，还要防止板子加热过度，不应该因加热而造成板子扭曲(有条件的可选择 140～160℃做预热和低部加温补热，拆 IC 的整个过程不超过 250s)。

(g) 取下 IC 后观察 PCB 板上的焊点是否短路，如果有短路现象，可用热风枪重新对其进行加热，待短路处焊锡熔化后，用镊子顺着短路处轻轻划一下，焊锡自然分开。尽量不要用烙铁处理，因为烙铁会把 PCB 板上的焊锡带走，PCB 板上的焊锡少了，会增加虚焊的可能性，而小引脚的焊盘补锡不容易。

② 装扁平 IC 步骤如下。

a. 观察要装的 IC 引脚是否平整，如果有 IC 引脚焊锡短路，用吸锡线处理；如果 IC 引脚不平，将其放在一个平板上，用平整的镊子背压平；如果 IC 引脚不正，可用手术刀将其歪的部位修正。

b. 把焊盘上放适量的助焊剂，过多加热时会把 IC 漂走，过少起不到应有作用，并对周围的怕热元器件进行覆盖保护。

c. 将扁平 IC 按原来的方向放在焊盘上，把 IC 引脚与 PCB 板引脚位置对齐，对位时眼睛要垂直向下观察，四面引脚都要对齐，视觉上感觉四面引脚长度一致，引脚平直没歪斜现象。可利用松香遇热的黏着现象粘住 IC。

d. 用热风枪对IC进行预热及加热程序，注意整个过程热风枪不能停止移动(如果停止移动，会造成局部温升过高而损坏)，边加热边注意观察IC，如果发现IC有移动现象，要在不停止加热的情况下用镊子轻轻地把它调正。如果没有位移现象，只要IC引脚下的焊锡都熔化了，要在第一时间发现(如果焊锡熔化了会发现IC有轻微下沉，松香有轻烟，焊锡发亮等现象，也可用镊子轻轻碰IC旁边的小元器件，如果旁边的小元器件有活动，就说明IC引脚下的焊锡也临近熔化了)并立即停止加热。因为热风枪所设置的温度比较高，IC及PCB板上的温度是持续增长的，如果不能及早发现，温升过高会损坏IC或PCB板。所以加热的时间一定不能过长。

e. 等PCB板冷却后，用香蕉水(或洗板水)清洗并吹干焊接点。检查是否虚焊和短路。

f. 如果有虚焊情况，可用烙铁加焊或用热风枪把IC拆掉重新焊接；如果有短路现象，可用潮湿的耐热海棉把烙铁头擦干净后，蘸点松香顺着短路处引脚轻轻划过，可带走短路处的焊锡。或用吸锡线处理：用镊子挑出4根吸锡线蘸少量松香，放在短路处，用烙铁轻压在吸锡线上，短路处的焊锡就会熔化粘在吸锡线上，清除短路。

g. 也可以用电烙铁焊接IC，把IC与焊盘对位后，用烙铁蘸松香，顺着IC引脚边缘依次轻轻划过即可；如果IC的引脚间距较大，也可以加松香，用烙铁带锡球滚过所有引脚的方法进行焊接。

(4) 使用热风枪拆焊怕热元器件。

① 拆元器件步骤如下。

a. 一般如排线夹子、内联座、插座、SIM卡座、电池触片、尾插等塑料元器件受热容易变形，如果确实坏了，那不妨象拆焊普通IC那样拆掉就行了，如果想拆下来还要保持完好，需要慎重处理。旋转风枪风量使热量均匀，一般不会吹坏塑料元器件。

b. 如果用普通风枪，可考虑把PCB板放在桌边上，用风枪从下边向上加热那个元器件的正背面，通过PCB板把热传到上面，待焊锡熔化即可取下；还可以把怕热元器件上面盖一个同等大的废旧芯片，然后用风枪对芯片边缘加热，待下面的焊锡熔化后即可取下塑料元器件。

② 装元器件：整理好PCB板上的焊盘，把元器件引脚上蘸适量助焊剂放在离焊盘较近的旁边，为了让其也受一点热。用热风枪加热PCB板，待板上的焊锡发亮，说明已熔化，迅速把元器件准确放在焊盘上，这时风枪不能停止移动加热，在短时间内用镊子把元器件调整对位，马上撤离风枪即可。这一方法也适用于安装功放及散热面积较大的电源IC等。有些器件可方便地使用烙铁焊接(如SIM卡座)，就不要使用风枪了。

(5) 拆焊阻容三极管等小元器件。

① 拆元器件步骤如下。

a. 用热风枪吹焊小贴片元器件，一般采用小嘴喷头，热风枪的温度调至2～3档，风速调至1～2档。待温度和气流稳定后，便可用手指钳或镊子夹住小贴片元器件，使热风枪的喷头离欲拆卸的元器件2～3cm，并保持垂直，在元器件的上方均匀加热，待元器件周围的焊锡熔化后，用手指钳或镊子将其取下。如果焊接小贴片元器件，要将元器件放正，若焊点上的锡不足，可用烙铁在焊点上加注适量的焊锡，焊接方法与拆卸方法一样，只要注意温度与气流方向即可。

b. 用热风枪吹焊贴片集成电路时，首先应该在芯片的表面涂放适量的助焊剂。这样既可防止干吹，又能帮助芯片底部的焊点均匀熔化。由于贴片集成电路的体积相对较大，温度调至3～4档，风速调至2～3档，风枪的喷头离芯片2.5cm左右为宜，吹焊接时应用手指钳或镊子将整个芯片取下。

② 装元器件：在元器件上加适量松香，用镊子轻轻夹住元器件，使元器件对准焊点，用热风枪对小元器件均匀移动加热，待元器件下面的焊锡熔化，再松开镊子。(也可把元器件放好并对其加热，待焊锡溶化再用镊子碰一碰元器件，使其对位即可)

(6) 使用热风枪拆焊屏蔽罩。

① 拆屏蔽罩：用夹具夹住PCB板，镊子夹住屏蔽罩，用热风枪对整个屏蔽罩加热，焊锡溶化后垂直将其拎起。因为拆屏蔽罩需要温度较高，PCB板上其他元器件也会松动，取下屏蔽罩时主板不能有活动，以免把板上的元器件震动移位，取下屏蔽罩时要垂直拎起，以免把屏蔽罩内的元器件碰移位。也可以先掀起屏蔽罩的3个边，待冷却后再来回折几下，折断最后一个边取下屏蔽罩。

② 装屏蔽罩：把屏蔽罩放在PCB板上，用风枪顺着四周加热，待焊锡熔化即可。也可以用烙铁选几个点焊在PCB板上。

(7) 液晶排线的拆焊方法。

① 拆下旧排线：可用风枪对着排线焊点加热(注意保护好液晶)，边用手轻轻拉排线，待排线焊锡熔化后，即可取下。注意有些排线下面有不干胶粘着，看到焊锡已熔，就要稍微用力一些才能使胶脱离，把排线取下。也可以在排引线上放些松香，用烙铁带一个较大的锡球在排线一边引脚上开始移动，用手随着锡球的移动掀起排线即可。

② 安装排线：对于引脚露出的排线，用烙铁把排线引脚依次直接焊接即可。对于引脚在绝缘层下面的排线，把排线对准焊盘，并露出焊盘1mm(如果排线过长，用剪刀剪掉一点)；用一厚纸皮靠边缘把排线压住，使其平贴在电路板上(不要让排线翘起，否则焊锡会进到排线下边引起短路)，加适量松香在露出的焊盘上，用烙铁带锡球从露出的焊盘上依次滚过，通过锡球的热量传导，就会把排线下边引脚与PCB板焊盘焊好。也可用小风嘴的风枪对着排线引脚加热焊接。

(8) 加焊虚焊元器件。

在PCB板需要加焊的部位上加少许松香，用风枪进行均匀加热，直到所加焊部位的焊锡溶化即可，也可以在焊锡熔化状态用镊子轻轻碰一碰怀疑虚焊的元器件，加强加焊效果。

3) BGA IC拆焊技巧

主要以维修手机为例进行介绍。

(1) 主要工艺。

① 对有虚焊可能的BGA IC进行加焊。

② 对需要代换或重植锡的BGA IC的拆卸。(包括无胶的和有胶的)

③ 利用植锡板植锡。

④ 把BGA IC焊回到板上。

(2) BGA IC 特点。

① BGA(Ball Grid Arrays，球栅阵列封装)是目前常见的一种封装技术，现在手机中央处理器、系统版本、数据缓冲器、电源等均不同形式地采用了 BGA 封装 IC。

② 它以印制板基材为载体。BGA 的焊球间距为 1.50mm、1.27mm、1.0mm，焊球直径为 1.27m、1.0mm、0.89mm、0.762mm。

③ 锡焊球在焊接前直径为 0.75mm，回流焊后，锡焊球高度减为 0.41～0.46mm。

(3) 加焊没有胶的 BGA IC 的方法与要点。

① 热风枪的调整如下。

a. 修复 BGA IC 时正确使用热风枪非常重要。只有熟练掌握和应用好热风枪，才能使维修手机的成功率大大提高，否则会扩大故障甚至使 PCB 板报费。

b. 先介绍一下热风枪在修复 BGA IC 时的调整。BGA 封装 IC 内部是高密度集成的，由于制作的材料不同，所以有的 BGA IC 不是很耐热，温度调节的掌握尤为重要，一般热风枪有 8 个温度档，焊 BGA IC 一般在 3～4 档内，也就是说 180～250℃左石。温度超过 250℃以上 BGA 很容易损坏。但许多热风枪在出厂或使用过程中内部的可调节电阻已经改变，所以在使用时要观察风口，不要让风筒内的电热丝变得很红，以免温度太高。

c. 关于风量，没有具体规定，只要能把风筒内热量送出来并且不至于吹跑旁边的小元器件就行了，还需要注意用纸试一试风筒温度分布情况。

② 对 IC 进行加焊步骤如下。

a. 在 IC 上加适量助焊剂，建议用大风嘴。还应注意，风口不宜离 IC 太近，在对 IC 加热的时候，先用较低温度预热，使 IC 及机板均匀受热，能较好防止板内水分急剧蒸发而发生起泡现象。

b. 小幅度的晃动热风枪，不要停在一处不动，热度集中在一处 BGA IC 容易受损，加热过程中用镊子轻轻触 IC 旁边的小元器件，只要它有松动，就说明 BGA IC 下的锡球也要溶化了，稍后用镊子轻轻触 BGA IC，如果它能活动，并且会自动归位，则加焊完毕。

③ 拆焊 BGA IC：如果用热风枪直接加焊修复不了的话，很可能是 BGA IC 已损坏或底部引脚有断线或锡球与引脚氧化，这样就必须把 BGA IC 取下来替换或进行植锡修复。

无胶 BGA 拆焊：取 BGA 必须注意要在 IC 底部注入足够的助焊剂，这样可以使锡球均匀分布在底板 IC 的引脚上，便于重装，用真空吸笔或镊子，配合热风枪作加焊 BGA IC 程序，松动后小心取下，取下 IC 后，如有连球，用烙铁拖锡球把相连的锡球全部吸掉。注意铬铁尖尽量不要碰到主板，以免刮掉引脚或破坏绝缘绿油。

(4) 封胶 BGA 的拆焊。

在手机中的 BGAIC，还有一部分是用化学物质封装起来的，是为了固定 BGAIC，减少故障率，但是如果出现问题，对维修是一个大麻烦。目前在市场上已经出现了一些溶解药水，它们只对三星系列和摩托罗拉系列手机的 BGA 封胶有良好的效果，有些封胶还是无计可施。还有一些药水有毒，经常使用对身体有害，对电路板也有一定的腐蚀作用。

下面简单介绍一下有封胶 BGAIC 的拆卸：首先取一块吸水性好的棉布，大小刚好能覆盖 IC 为宜，把棉布沾上药水盖在 IC 上，经一段时间的浸泡，取出机板，用针轻挑封胶，看封胶是否疏软，如还连接坚固，就再浸泡一段时间，或换一种溶胶水试一试。

对带封胶IC的浸泡时间一定要足够，因为它的底部是注满封胶的，如果浸泡时间不充分，其底部的封胶没有化学反应，这样取下IC时很容易把板线带起，易使机板报废。经过充分浸泡后，把机板取出用防静电焊台固定好，把热风枪调到适当挡位，打开热风枪先预热，再对IC及主板加热，使IC底部锡球完全熔化，此时才可撬下IC。注意：如锡球不完全溶化，容易把底板焊点带起。

无溶胶水IC的拆焊步骤如下。

① 把热风枪调到280～300℃，风量中档(如3档)。因为环氧胶能耐270℃的高温，达不到290℃，芯片封胶不会发软，而温度太高往往又可能把IC吹坏。

② 由于不同热风枪可能各有差异，实际调节靠在维修中作试验来确定。用热风枪对准IC，先在其上方稍远处吹，让IC与机板预热几秒钟，再放下去一点吹。一开始就放得太近吹，IC很容易烧，PCB板也易吹起泡。然后用镊子轻压IC，差不多的时候，就有少量锡珠从芯片底部冒出，用镊子轻触IC四周角，目的是让底下的胶松动，随即用手术刀片插入底部撬起。

③ 注意，当有锡珠冒出时，并插刀片的时候，热风枪嘴千万不能移开，否则锡珠凝固而导致操作失败、芯片损坏。有的人就是在放下镊子取刀片时，不经意把热风枪嘴移开，锡珠实际恢复凝固，这时强撬而把IC损坏，或造成焊盘脱落。对于IC上和PCB板上的余锡剩胶，涂上助焊剂，用936烙铁小心地把它们慢慢刮掉；或者用热风枪重新给其加热，待焊锡溶化后，用刮锡铲子(铲子也要加热，否则把焊盘上的热量带走，锡珠重新凝固，把焊盘刮坏)把它们刮掉。最后用清洗剂清洗干净。这个环节中，小心不要让铜点和绿漆受损。

(5) 重新植锡球的BGA IC安装回手机PCB上的方法。

用热风枪轻轻吹，使助焊膏均匀分布于IC的表面，为焊接作准备。

① 在一些手机的线路板上，事先印有BGA IC的定位框，这种IC的焊接定位一般不成问题。如果线路板上没有定位框需自己定位。

a. 画线法：拆IC之前用笔或针头在BGA IC的周围画好线，记住方向，作好记号，为重焊作准备。用这种方法力度要掌握好，不要伤及线路板。

b. 贴纸法：拆下BGA IC之前，先沿着IC的四边用标签纸在线路板上贴好，纸的边缘与BGA IC的边缘对齐，用镊子压实粘牢。这样，拆下IC后，线路板上就留有标签纸贴好的定位框。

c. 目测法：安装BGA IC时，先将IC竖起来，这时就可以同时看见IC和线路板上的引脚，先横向比较一下焊接位置，再纵向比较一下焊接位置。记住IC的边缘在纵横方向上与线路板上的哪条线路重合或与哪个元器件平行，然后根据目测的结果按照参照物来安装IC。

d. 手感法：在拆下BGA IC后，在机板上加上足量的助焊膏，用电烙铁将板上多余的焊锡去除，并可适当上锡使线路板的每个焊脚都光滑圆润(不能用吸锡线将焊点吸平，否则在下面的操作中找不到手感)。再将植好锡球的BGA IC放在线路板上的大致位置，用手或镊子将IC前后左右移动并轻轻加压，这时可以感觉到两边焊脚的接触情况。因为两

边的焊脚都是圆的，所以来回移动时如果对准了，IC 有一种“爬到了坡顶”的感觉。对准后，因为事先在 IC 的脚上涂了一点助焊膏，有一定黏性，IC 不会移动。

② 焊接：BGA IC 定好位后，就可以焊接。

a. 用镊了轻轻挡住 BGA IC 作定位，以防锡浆未溶之前就移位，热风枪选择大风嘴或把风嘴去掉，调节至合适的风量和温度，让风嘴的中央对准 IC 的中央位置，缓慢加热。(理想状态一般设为预热区 150℃/100s，温度保持区 210℃/100s，回流焊区 270℃/100s，冷却区 100℃/100s，气流参数不变)

b. 只要看到 IC 往下一沉且四周有助焊膏溢出时，说明锡球已和线路板上的焊点熔合在一起。这时可以撤掉镊子，轻轻晃动热风枪使 IC 加热均匀充分，由于表面张力的作用，BGA IC 与线路板的焊点之间会自动对准定位，这时用镊子平行轻触一下 IC，如果有自动回位现象，便大功告成。注意在加热过程中切勿向下压 BGA IC，否则会使焊锡外溢，造成短路。

4）热风枪的使用注意事项

(1) 使用提醒：热风枪的喷头要垂直焊接面，距离要适中，热风枪的温度和气流都要适当，吹焊结束时，应及时关闭热风枪电源，以免手柄长期处于高温状态，缩短寿命。

(2) 注意事项如下。

① 焊接时，要用屏蔽罩盖住旁边的 IC 及其他怕热器件(用擦铬铁的海棉沾水也可)，防止热风枪的高温殃及其他 IC。

② 如果发生了脱漆现象，可以买专用的阻焊剂(俗称绿油)涂抹在脱漆的地方，待其稍干后，用烙铁将线路板的焊点点开便可。

③ 原装封装的 BGA IC 上的锡球都较大容易造成短路，而用植锡板做的锡球都较小。可将原来的锡球去除，重新植锡后再装到线路板上，这样就不容易发生短路现象。

④ 如果板上的引脚掉了，首先将线路板放到显微镜下观察，确定哪些是空脚，哪些确实断了。如果只是看到一个底部光滑的“小窝”，旁边并没有线路延伸，这就是空脚，可不做理会；如果断脚的旁边有线路延伸，或底部有扯开的“毛刺”，则说明该点不是空脚，须经处理后方可重装 BGA IC。

a. 对于旁边有线路延伸的断点，可以用小刀将旁边的线路轻轻刮开一点，用上足锡的漆包线一端焊在断点旁的线路上，一端延伸到断点的位置；如果没有延伸，可以在显微镜下用针头轻轻地到断点中掏挖，挖到断线的根部亮点后，用铬铁在小坑处填些锡，小心地把 BGA IC 焊接到位，焊接过程中不可拨动 BGA IC。

b. 对于采用上述连线法有困难的断点，首先可以通过查阅资料和比较正常机板的办法来确定该点是通往线路板上的何处。然后用一根极细的漆包线焊接到 BGA IC 的对应锡球上(焊接的方法是将 BGA IC 有锡球的一面朝上，用热风枪吹热后，将漆包线的一端插入锡球)。接好线后，把线沿锡球的空隙引出，翻到 IC 的反面用耐热的贴纸固定好准备焊接。小心地焊好 IC，冷却后，再将所连的线焊接到预先找好的位置。

4. 通针的认识及使用

1）通针基本知识

通针外观如图 4.20 所示。

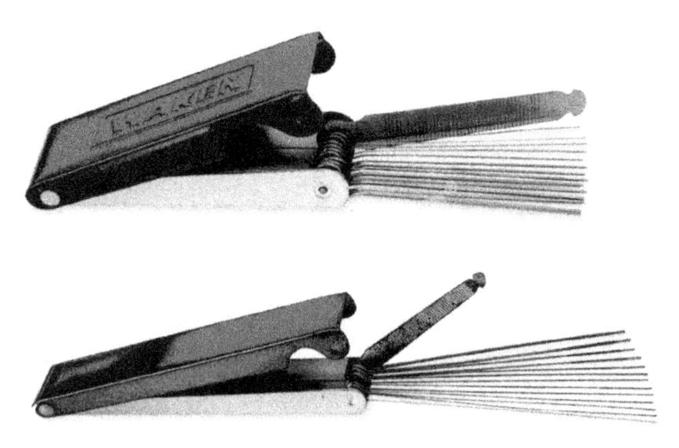

图 4.20　通针外观图

2）通针相关知识

(1)通针(又称为透针)的作用：主要用于去除焊盘圆孔内的焊锡。

(2)选用：主要根据焊盘孔的大小来选择相对应的通针，一般通针的大小比焊盘的内孔要小一点。

(3)使用方法：一般用烙铁在需要除去锡的焊盘上加热，当锡熔化时，用合适的通针插入焊盘内，用手扭动通针，最后使焊盘内的锡去除干净。

(4)注意事项：根据焊盘孔的大小来选择相对应的通针，一般通针的大小比焊盘的内孔要小一个规格。

4.4　项 目 评 价

项目评价见表 4-7。

表 4-7　项目评价内容

考核项目	考核要求	配分	评分标准	扣分	得分	备注
准备工作	1. 烙铁的认识及使用 2. 吸锡器的认识及使用 3. 热风枪的认识及使用 4. 通针的认识及使用	10	能正确选用各种焊接工具及正确使用各种焊接工具(10 分)			
焊接工具的选择检测	1. 根据焊接要求选择焊接设备 2. 对所选择工具进行检测	20	1. 正确选择安装所需要的焊接工具，避免漏选、错选(10 分) 2. 用仪表检测判断所选择工具是否完好正常(10 分)			

续表

考核项目	考核要求	配分	评分标准	扣分	得分	备注
使用中的检测	1. 使用过程中的注意事项 2. 若通电后不能正常运行，能否排除故障	60	1. 使用中的注意事项(15 分) 2. 正确运用测试方法(15 分) 3. 使用过程的规范操作(15 分) 4. 能根据不同的现象排除常见故障，并排除所涉及故障(15 分)			
安全生产	自觉遵守安全文明生产规程	10	1. 有无漏接接地线(6 分) 2. 有无发生安全事故(4 分)			
时间	3 小时		提前正确完成，每 5 分钟加 2 分 超过定额时间，每 5 分钟扣 2 分			

开始时间：		结束时间：		实际时间：	

项目5

万用表及常用元器件的识别与检测

5.1 项目任务

实训内容见表5-1。

表5-1 万用表及常用元器件的识别与检测实训内容

项目内容	1. 机械万用表的好坏检测 2. 数字万用表的好坏检测 3. 能根据被测元器件的标称值选择相应的量程 4. 能通过表盘上指针的偏转位置正确读取被测元器件的测量值 5. 电阻元器件的识别检测 6. 电容元器件的识别检测 7. 二极管的识别检测 8. 三极管的识别检测 9. 集成电路的识别检测
重难点	1. 万用表的好坏检测 2. 能根据被测元器件的标称值选择相应的量程 3. 电阻元器件的识别检测 4. 二极管的识别检测 5. 三极管的识别检测 6. 集成电路的识别检测
操作原则与安全注意事项	培训的学员必须在指导老师的指导下才能操作该设备。请务必按照技术文件和各独立元器件的使用要求使用该系统，以保证人员和设备安全

项目导读

万用表是电子专业必不可少的工具之一，各种元器件是电路组成的必须单元，所以在设计、组装、维修电路之前要对元器件的好坏有所了解。

项目任务书

项目任务书见表5-2与表5-3。

表 5-2　万用表的使用及电阻、电容检测

<table>
<tr><td rowspan="3">××学院</td><td rowspan="3">元器件检测作业指导书</td><td>文件编号</td><td colspan="2"></td></tr>
<tr><td>版　　次</td><td colspan="2"></td></tr>
<tr><td colspan="3">共 2 页/第 1 页</td></tr>
<tr><td>工序号：5</td><td>工序名称：万用表的使用及电阻、电容检测</td><td colspan="3">作业内容</td></tr>
<tr><td colspan="2" rowspan="15"> 机械万用表　数字万用表　五色环电阻　四色环电阻
电位器　电解电容　涤纶电容</td><td>1</td><td colspan="2">操作者将工作台擦试干净，领取机械万用表、数字万用表、电位器、色环电阻、电容</td></tr>
<tr><td>2</td><td colspan="2">领取相关物料后清点数量、检查好坏，看是否符合要求，否则退回上道工序处理</td></tr>
<tr><td>3</td><td colspan="2">用机械万用表检测色环电阻、电位器的好坏</td></tr>
<tr><td>4</td><td colspan="2">用数字万用表检测电容</td></tr>
<tr><td colspan="3">使用工具</td></tr>
<tr><td colspan="3">数字万用表、机械万用表、电阻、电容</td></tr>
<tr><td colspan="3">※工艺要求(注意事项)</td></tr>
<tr><td>1</td><td colspan="2">清理工作台</td></tr>
<tr><td>2</td><td colspan="2">使用机械万用表电阻量程需要欧姆调零</td></tr>
<tr><td>3</td><td colspan="2">检测色环电阻前先读取标称值，再选择相应量程测量。若不知该电阻阻值时，量程从大到小选择</td></tr>
<tr><td>4</td><td colspan="2">用数字万用表测量电容容量时，先读取容量，再选择相应量程测量。若不知该电容容量时，量程从大到小选择，不区分极性</td></tr>
<tr><td>5</td><td colspan="2">使用机械万用表后需将挡位旋置交流电压最大档；使用数字万用表后将电源按钮关闭</td></tr>
</table>

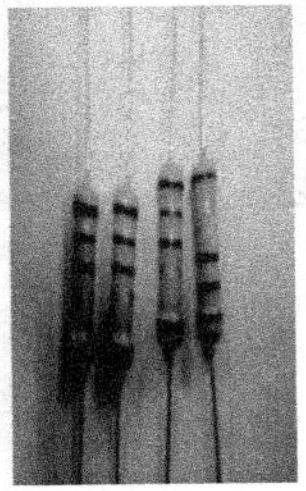

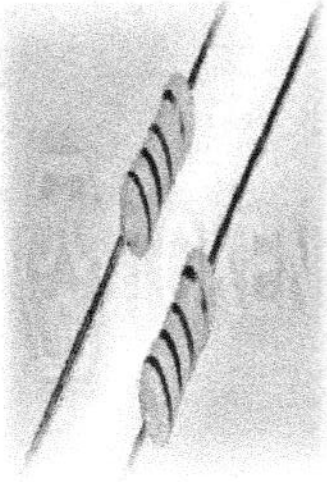

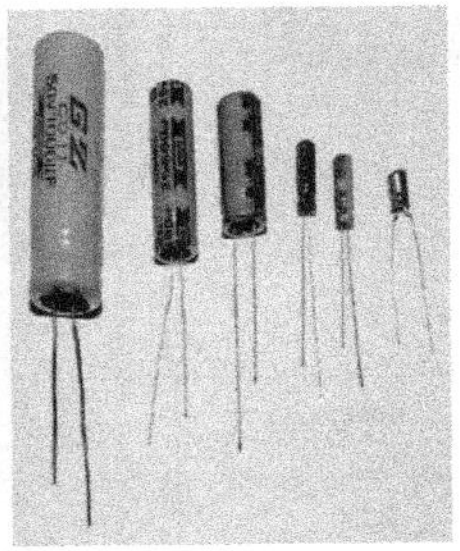

更改标记		编　　制		批　　准	
更改人签名		审　　核		生产日期	

表 5-3　二极管、三极管及集成电路的检测

<table>
<tr><td rowspan="3">××学院</td><td colspan="2" rowspan="3">元器件检测作业指导书</td><td colspan="2">文件编号</td><td></td></tr>
<tr><td colspan="2">版　　次</td><td></td></tr>
<tr><td colspan="3">共 2 页/第 2 页</td></tr>
<tr><td>工序号：6</td><td colspan="2">工序名称：二极管、三极管及集成电路的检测</td><td colspan="3">作业内容</td></tr>
<tr><td colspan="3" rowspan="11">发光二极管　整流二极管　三极管
判断b极　判断c、e极　IC</td><td>1</td><td colspan="2">用数字万用表检测二极管的好坏、极性和材料</td></tr>
<tr><td>2</td><td colspan="2">用机械万用表判断三极管的管脚和材料</td></tr>
<tr><td>3</td><td colspan="2">用机械万用表检测集成电路的好坏</td></tr>
<tr><td></td><td colspan="2"></td></tr>
<tr><td></td><td colspan="2"></td></tr>
<tr><td colspan="3">使用工具</td></tr>
<tr><td colspan="3">机械万用表、数字万用表、二极管、三极管、集成电路</td></tr>
<tr><td colspan="3">※工艺要求(注意事项)</td></tr>
<tr><td>1</td><td colspan="2">使用万用表前要检测万用表的好坏</td></tr>
<tr><td>2</td><td colspan="2">检测三极管时，注意不要加入人体电阻</td></tr>
<tr><td>3</td><td colspan="2">使用机械万用表后需将挡位旋置交流电压最大档；使用数字万用表后将电源按钮关闭。</td></tr>
<tr><td>更改标记</td><td></td><td>编　　制</td><td></td><td>批　　准</td><td></td></tr>
<tr><td>更改人签名</td><td></td><td>审　　核</td><td></td><td>生产日期</td><td></td></tr>
</table>

5.2　项目准备

万用表及常用元器件清单见表5-4。

表5-4　材料清单

序号	名称	数量	该元件功能	备注
1	数字万用表	1	用数字万用表检测二极管的好坏、极性和材料	
2	机械万用表	1	用机械万用表判断三极管的管脚和材料	
3	电容	1	用于测试器件的参数	
4	电阻	1	用于测试器件的参数	
5	发光二极管	1	用于测试器件的参数	
6	三极管	1	用于测试器件的参数	
7	整流二极管	1	用于测试器件的参数	

5.3　项目知识

1. 机械万用表好坏的初步检测

在使用万用表之前，应先进行“机械调零”，即在没有被测电量时，使万用表指针指在零电压指针有偏转且在“欧姆零点”，则说明能使用；若短接表笔指针不在“欧姆零点”，重新调整欧姆调零旋钮使指针指在“欧姆零点”；若短接表笔指针无偏转则需更换万用表，重新按上述步骤进行检测。表的指针偏转如图5.1所示。

图5.1　机械万用表检测图

2. 数字万用表好坏的初步检测

先将万用表挡位转换开关旋至蜂鸣挡，再将两表笔短接，若发出蜂鸣声而且显示屏上有显示且阻值较小，则说明万用表能使用。若短接表笔无蜂鸣声或显示屏上无显示，则需要更换其他万用表。表的挡位如图 5.2 所示。

图 5.2　数字万用初步检测挡位图

3. 电位器及电阻器的识别与检测

1）电位器好坏的检测及测量值的读取

（1）检查机械万用表指针是否在机械零点，根据电位器的标称值选择适当的电阻挡量程进行欧姆调零。

（2）用选定的欧姆挡测电位器的“1”、“2”或“2”、“3”，“1”、“3”两端，读数以阻值几乎相等且值较大的那次作为电位器的标称阻值，如万用表的指针不动或阻值与电位器外表的标识值相差很多，表明该电位器已损坏。

（3）测电位器的活动触点与电阻片的接触是否良好。用万用表测“1”、“2”或“2”、“3”两端，将电位器的转轴按逆时针方向旋至接近“关”的位置，这时电阻值越小越好。再顺时针慢慢旋转轴柄，电阻值应逐渐增大，表头中的指针应平稳移动。当轴柄旋至极端位置“3”时，阻值应接近电位器的标称值。如万用表的指针在电位器的轴柄转动过程中有跳动现象，说明活动触点有接触不良故障。电位器检测如图 5.3 所示。

2）四色环及五色环电阻的检测

（1）四色环电阻一般从金色或银色的另一端开始读数，五色环一般从棕色的另一端开始读数。

（2）对于四色环电阻，第一、二条色环表示有效值，第三条表示 10 的倍率，第四条色环表示允许偏差；对于五色环电阻，前三条色环表示有效值，第四位表示 10 的倍率，第五条表示允许偏差。

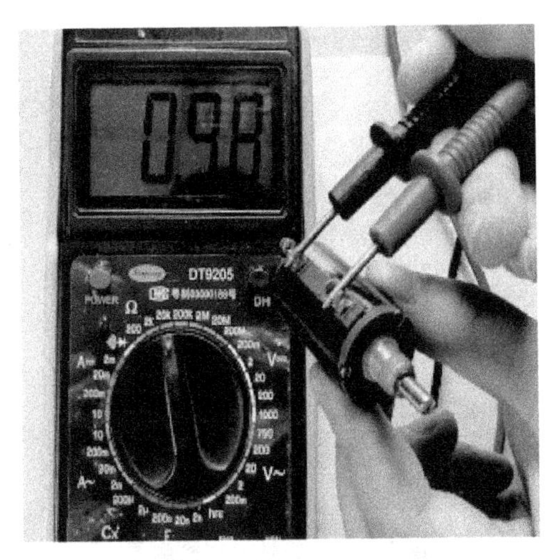

图 5.3　电位器的检测图

(3) 根据色环电阻读取标称值，再根据该电阻的标称值选择适当的量程读取测量值。四色环及五色环电阻检测如图 5.4 所示。

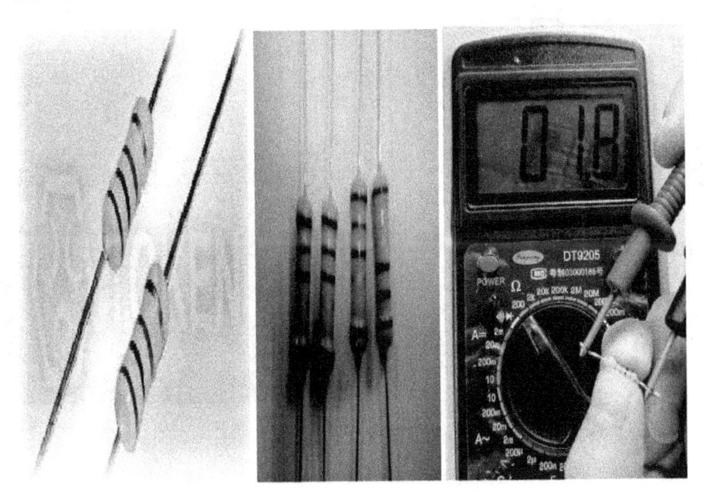

图 5.4　四色环及五色环电阻检测

4. 电容元器件的识别与检测

1) 电容器容量的检测

(1) 根据电容器上的标称容量，选择数字万用表上相对应的电容量程。

(2) 电容两引脚短路一次放电后，不区分正负插接 CX 中，读取显示屏上的测量值。无极性电容检测如图 5.5 所示。

2) 有极性电容极性的判别

将机械万用表旋至挡位 R×10kΩ 挡，根据电解电容器正向接入时，漏电电流小(所测阻值大)；反接时漏电电流大(所测阻值小))的现象可判别电解电容的极性，两次测量中，漏电电阻大的一次，黑表笔所接为正极。有极性电容检测图如图 5.6 所示。

图 5.5　无极性电容检测图

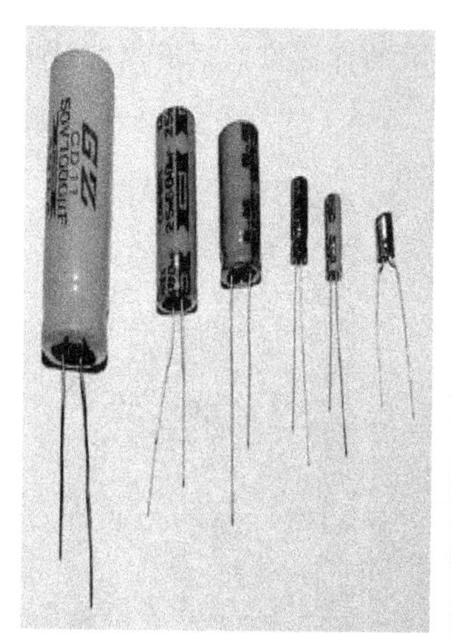

图 5.6　有极性电容检测图

5. 二极管的识别与检测

1）二极管好坏的检测

将数字万用表旋至二极管挡位，如果交换表笔数测试出的两次数值均显示“1”，则被测二极管已坏。当数值中有一次显示数值且较小(一般几十欧到几千欧)，另一次显示“1”时，说明二极管是好的。二极管正向导通压降，硅管的约为 0.6～0.8V，锗管的约为 0.2～0.3V。整流二极管好坏的检测如图 5.7 所示。

2）二极管正负极性的检测

将数字万用表旋至二极管挡位，在两次测量中，以有数字显示且较小那次测量为准，红表笔所接的一端为二极管的正极，黑表笔所接的一端为负极。

3）其他类型的二极管

方法同上。

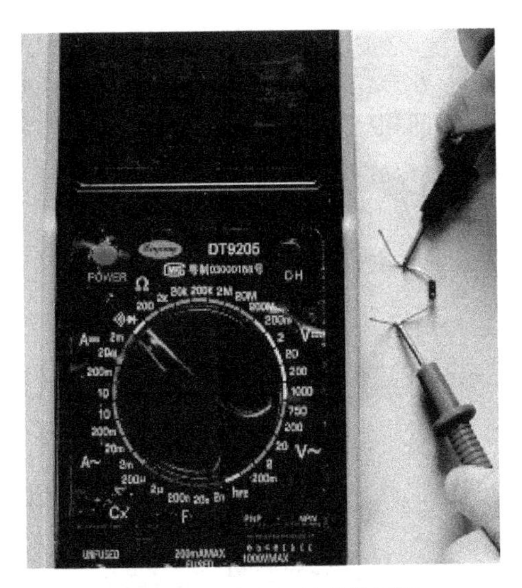

图 5.7 整流二极管的检测图

6. 三极管的识别与检测

1) 三极管基极及材料的判别

将机械万用表旋至挡位 R×100/R×1k 挡，用黑表笔任接 1 管脚，再用红表笔分别接触接 2 脚和 3 脚。两次测得的阻值基本相同，则黑表笔所接为基极 B。若两次所测阻值为一大一小，用黑笔接另一管脚再试，直到所测阻值相等且为一对大阻值(表示所测三极管类型为 PNP 管)或一对小阻值(表示所测三极管类型为 NPN 管)时，即可判断黑表笔所接为基极。表笔接法如图 5.8 所示。

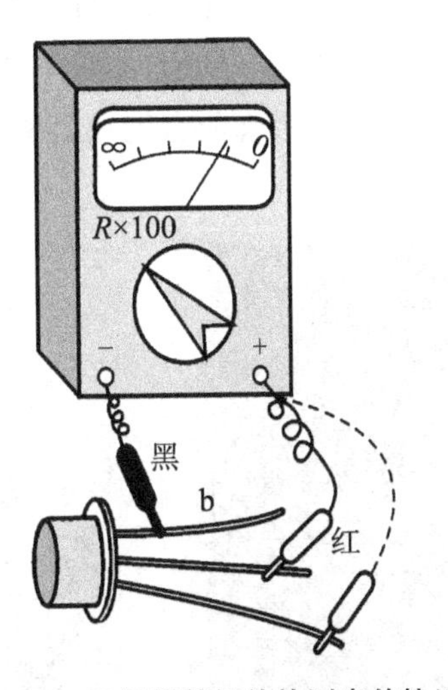

图 5.8 三极管基极的检测表笔接法

2) 三极管集电极、发射极管脚的判别

(1) 以 NPN 型为例判别其他两管脚。将黑表笔与假定的集电极 2 脚接触，并与已知基极 1 脚一起捏在左手拇指与食指之间。但注意不能让基极 1 与黑表笔或 2 脚在指间相碰，红表笔接 3 脚，记下读数。

（2）换表笔黑表笔接 3 脚，并与已知基极 1 脚一起捏在左手拇指与食指之间。但注意不能让基极 1 与黑表笔或 3 脚在指间相碰，红表笔接 2 脚，记下读数。表笔接法如图 5.9 所示。

（3）比较两次读数的大小，以读数较小的那次读数为假定成立，黑表笔所接为集电极，另外那只管脚为发射极。若为 PNP 管，其检测方法一样，只是将表笔对调。

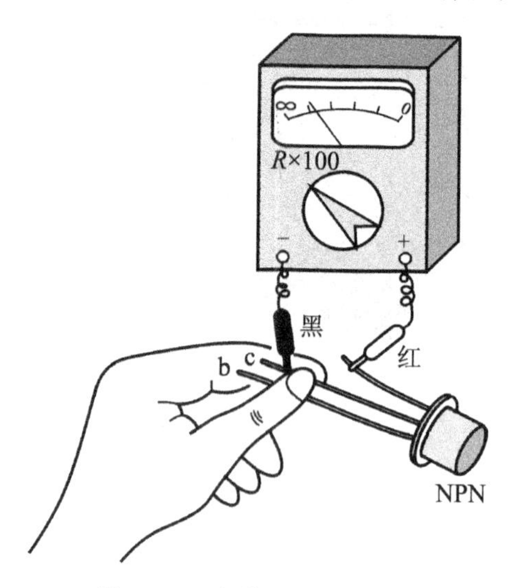

图 5.9　三极管集电极的判别

7. 集成电路好坏的初步检测

直流电阻比较法：把要检测的集成电路各引脚的直流电阻值与正常集成电路的直流电阻值相比较，以此来初步判断集成电路的好坏。测量时要使用同一只万用表，同一个电阻挡位，以减小测量误差。直流电阻比较法可以对不同机型、不同结构的集成电路进行检测，但须以相同型号的正常集成电路各引脚的直流电阻值作为参照。集成电路好坏的初步检测如图 5.10 所示。

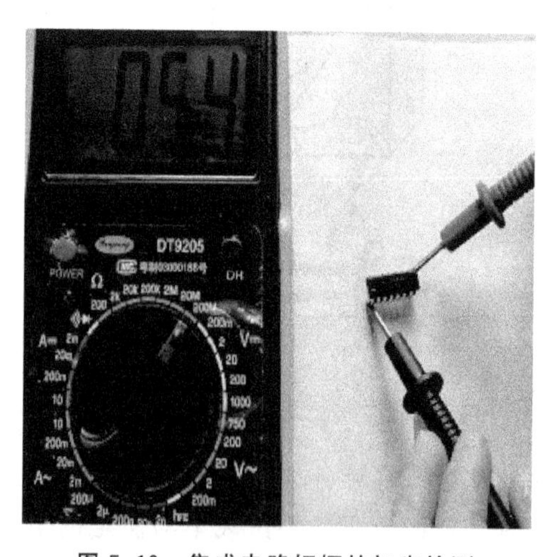

图 5.10　集成电路好坏的初步检测

5.4 项目评价

项目评价见表5-5。

表5-5 项目评价内容

考核项目	考核要求	配分	评分标准	扣分	得分	备注
准备工作	数字万用表、机械万用表的正确使用	10	1. 测试参数时能正确选择挡位(4分) 2. 能正确读取所测参数值(6分)			
元器件的检测	1. 电阻元器件的识别与检测 2. 电位器好坏的判断 3. 电容元器件的识别检测 4. 二极管的识别检测 5. 三极管的识别检测 6. 集成电路的识别检测	80	1. 会测试电阻的阻值(10分) 2. 会判断电位器的好坏(15分) 3. 会判断有极性电容的极性(15分) 4. 会判断二极管的极性(15分) 5. 会判断三极管的3个引极及三极管的好坏(15分) 6. 会判断集成电路的好坏(10分)			
安全生产	自觉遵守安全文明生产规程	10	有无发生安全事故(10分)			
时间	3小时		提前正确完成，每5分钟加2分 超过定额时间，每5分钟扣2分			
开始时间：		结束时间：		实际时间：		

项目6

常用元器件的焊接

6.1 项目任务

常用元器件焊接的项目内容见表6-1。

表6-1 常用元器件焊接的项目内容

项目内容	1. 各种常用元器件的拆焊 2. 焊前的清洁和搪锡 3. 各种常用元器件的焊接(电阻、电容、二极管、三极管、集成块) 4. 导线与接线端子的焊接(绕焊、钩焊、搭焊)
重难点	1. 各种常用元器件的拆焊 2. 各种常用元器件的焊接(电阻、电容、二极管、三极管、集成块) 3. 导线与接线端子的焊接(绕焊、钩焊、搭焊)
操作原则与安全注意事项	1. 一般原则：培训的学员必须在指导老师的指导下才能操作。请务必按照技术文件要求和各独立元器件的使用要求使用，以确保人员和设备安全 2. 保护接地：把焊接设备的接地装置与大地可靠地连接起来，以保证人身安全

项目导读

焊接前要清除被焊处(引线和焊盘)的油污、灰尘、氧化层或绝缘漆，元器件引线作清洁处理后，要尽快用电烙铁给它搪好锡，以保证其可焊性，防止氧化。电烙铁如图6.1所示。

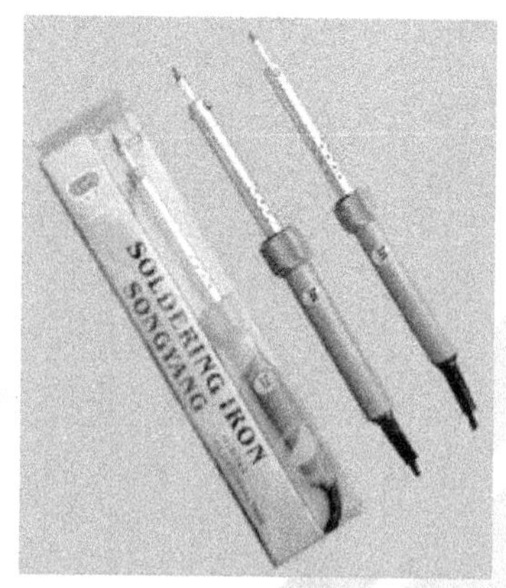

图6.1 电烙铁

项目任务书

手工焊接通用作业任务书见表6-2。

表6-2　手工焊接通用作业任务书

<table>
<tr><td rowspan="3">××学院</td><td rowspan="3">手工焊接通用作业任务书</td><td>文件编号</td><td></td></tr>
<tr><td>版　次</td><td></td></tr>
<tr><td colspan="2">共1页/第1页</td></tr>
<tr><td>工序号：6</td><td>工序名称：执锡段</td><td colspan="2">作业内容</td></tr>
<tr><td rowspan="13">连续执锡
标准烙铁拿法
锡线　烙铁
①准备
②加热 烙铁头接触焊接部加热
③供给焊锡 适量溶解
④拿开焊锡
⑤拿开烙铁
焊接步骤</td><td rowspan="13">焊接方法</td><td>1</td><td>用数字万用表检测二极管的好坏、极性和材料</td></tr>
<tr><td>2</td><td>用机械万用表判断三极管的管脚和材料</td></tr>
<tr><td>3</td><td>用机械万用表检测集成电路的好坏</td></tr>
<tr><td></td><td></td></tr>
<tr><td></td><td></td></tr>
<tr><td colspan="2">使用工具</td></tr>
<tr><td colspan="2">机械万用表、数字万用表、二极管、三极管、集成电路</td></tr>
<tr><td colspan="2">※工艺要求(注意事项)</td></tr>
<tr><td>1</td><td>使用万用表前要检测万用表的好坏</td></tr>
<tr><td>2</td><td>检测三极管时，注意不要加入人体电阻</td></tr>
<tr><td>3</td><td>使用机械万用表后需将挡位旋置交流电压最大档；使用数字万用表后将电源按钮关闭</td></tr>
<tr><td colspan="2"></td></tr>
<tr><td colspan="2"></td></tr>
</table>

更改标记		编　制		批　准	
更改人签名		审　核		生产日期	

6.2 项 目 准 备

焊接实训的材料清单见表 6－3。

表 6－3 焊接实训的材料清单

序号	名称	数量	该元件功能	备注
1	万用表	1	用于检测设备及元器件	
2	电烙铁	1	用于练习焊接	
3	焊锡丝	1	用于练习焊接	
4	静电环	1	用于保护设备	
5	刀片	1	用于刮掉氧化层	
6	镊子	1	用于元器件整形	
7	剪钳	1	用于剪掉多于的引线	
8	常用元器件	1	用于练习焊接	
9	印制电路板	1	用于练习焊接	

6.3 项 目 知 识

手工焊接的五步操作法如图 6.2 所示。

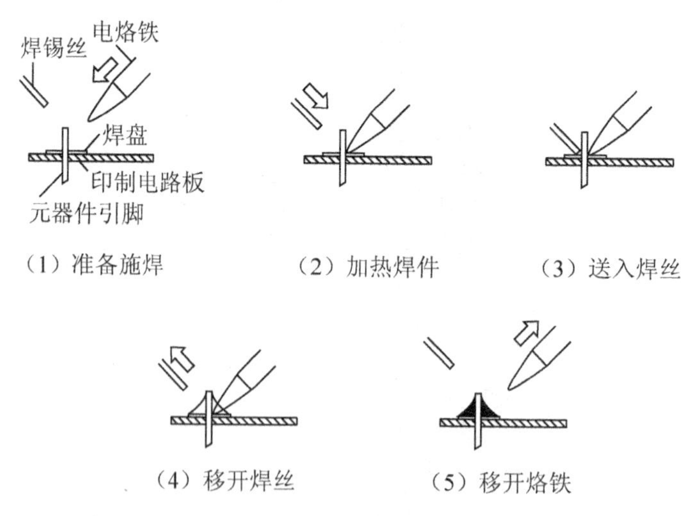

图 6.2 手工焊接的五步操作法

焊接小元器件采用“二步操作法”：①烙铁头和焊料同时加入；②烙铁头和焊料同拿开。

在选择烙铁头时，烙铁头不能过小，也不能过大，要选择适中；不同大小的烙铁头与

焊盘的位置如图 6.3 所示。

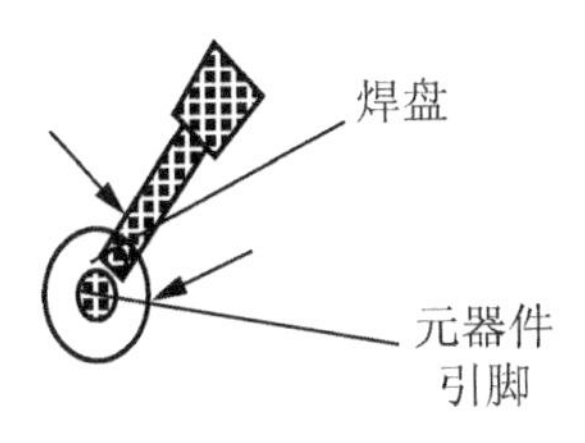

(a)烙铁头过小

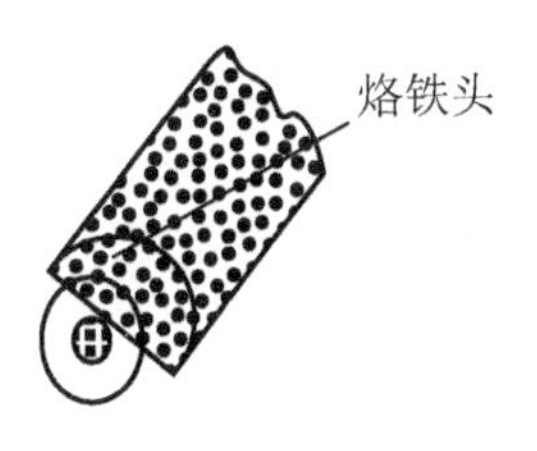

(b)烙铁头适中

(c)烙铁头过大

图 6.3　不同大小的烙铁头与焊盘的位置示意图

烙铁头在不同角度的撤离方法，如图 6.4～图 6.7 所示。

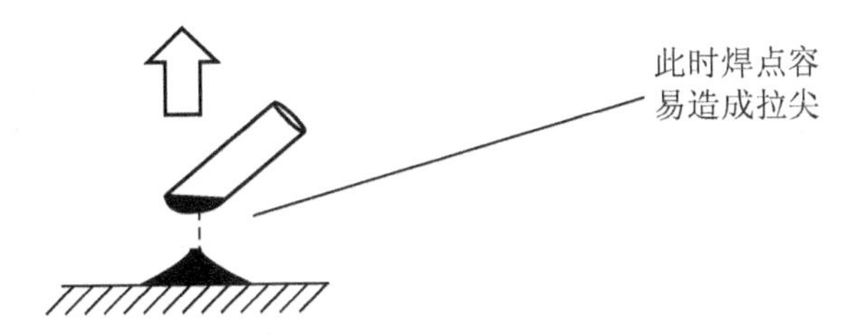

图 6.4　烙铁头垂直方向撤离

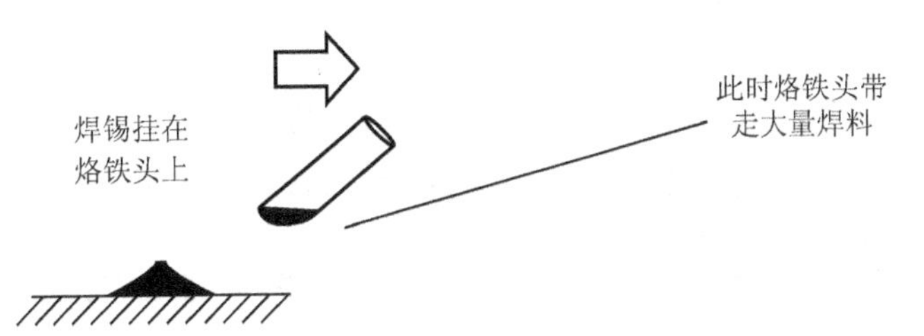

图 6.5　烙铁头水平方向撤离

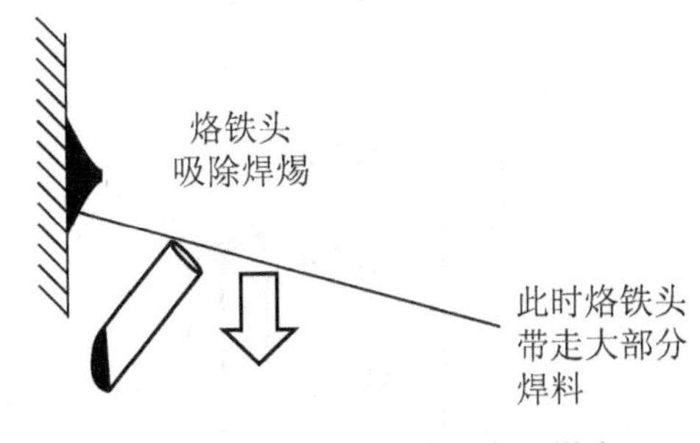

图 6.6　烙铁头垂直方向向下撤离

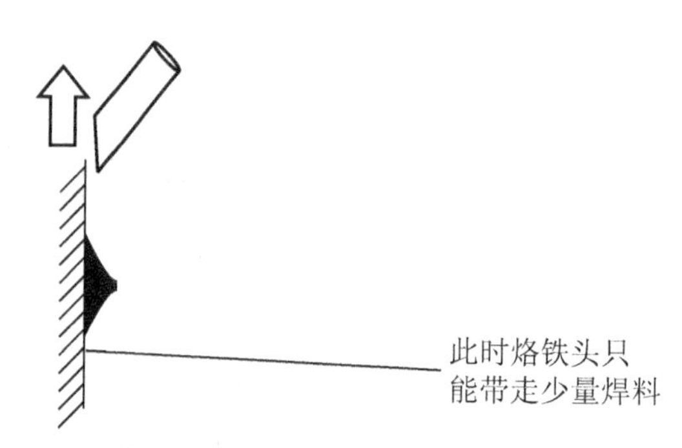

图 6.7 烙铁头垂直方向向上撤离

焊料的用量不同，焊接出的效果也不同，如图 6.8～图 6.10 所示。

图 6.8 焊锡过多

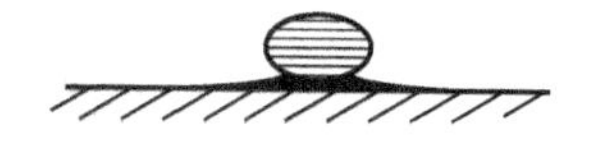

图 6.9 焊锡过少

图 6.10 焊锡合适

导线与接线端子的锡焊连线的剥头长度见表 6－4。

表 6－4 导线与接线端子的锡焊连线的剥头长度

连接方式	剥头长度 L/mm	
	基本尺寸	调整范围
绕焊连接	15	±5
钩焊连接	6	±4
搭焊连接	3	±2

导线与接线端子的锡焊连线的方式，如图 6.11～图 6.13 所示。

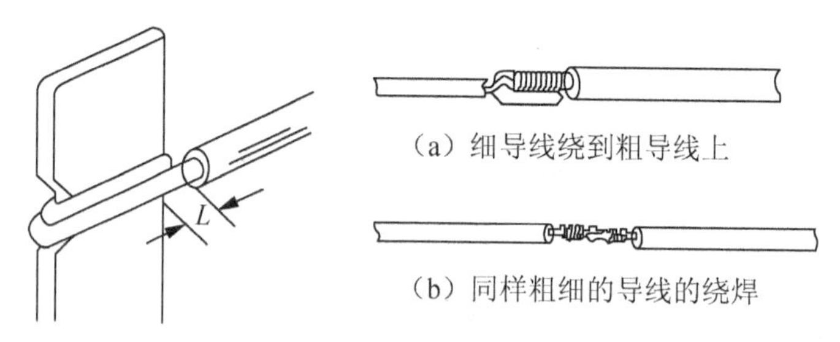

图 6.11 绕焊连接方式

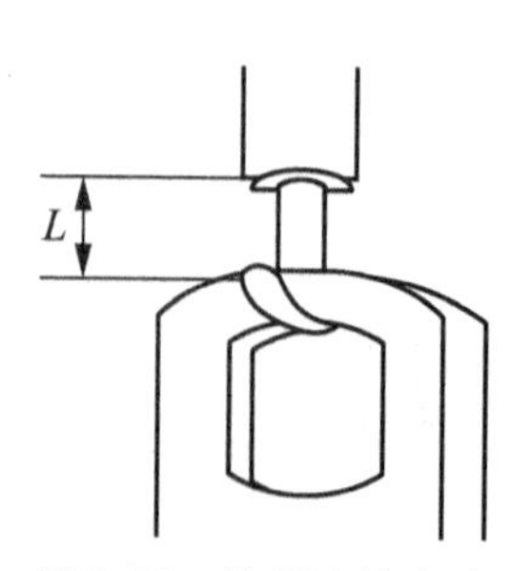

图 6.12 钩焊连接方式

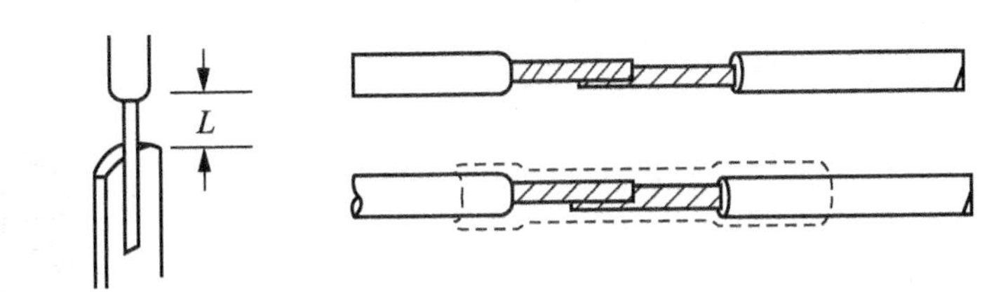

（a）导线和端子的搭焊　　（b）导线和导线的搭焊

图 6.13　搭焊连接方式

6.4　项 目 评 价

项目评价见表 6－5。

表 6－5　项目评价内容

考核项目	考核要求	配分	评分标准	扣分	得分	备注
准备工作	焊接工具的清洁和搪锡	20	新电烙铁是否搪锡			
常用元器件的拆、焊	1. 常用元件的拆焊 2. 电阻、电容、二极管、三极管、集成块的焊接 3. 导线与接线端子的焊接	70	1. 拆下的元件质量完好(20 分) 2. 能根据要求正确安装元器件(30) 3. 导线与接线端子能正确的联接(20 分)			
安全生产	自觉遵守安全文明生产规程	10	1. 有无漏接接地线 2. 有无发生安全事故			
时间	3 小时		提前正确完成，每 5 分钟加 2 分 超过定额时间，每 5 分钟扣 2 分			
时间	3 小时		提前正确完成，每 5 分钟加 2 分 超过定额时间，每 5 分钟扣 2 分			
开始时间：		结束时间：		实际时间：		

附录

焊点判定标准

检查项目		图示标准及限度	检查工具/方法	不良现象
上锡状态	CHIP件上锡标准	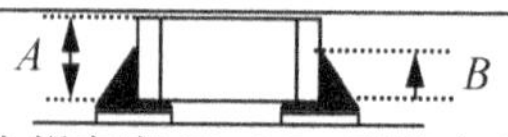 上锡高度 $B \geq 1/2A$ 引脚高度	目视/显微镜	$B < 1/2A$
	IC CN元器件上锡标准	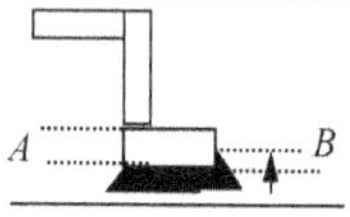 上锡高度 $B \geq 1/2A$ 引脚高度		$B < 1/2A$
		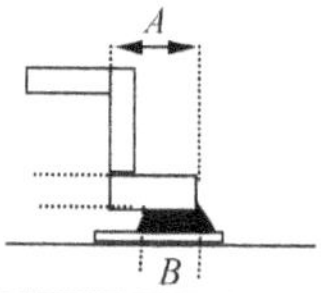 上锡长度 $B \geq 1/2A$ 引脚长度		$B < 1/2A$
	单面板上锡标准	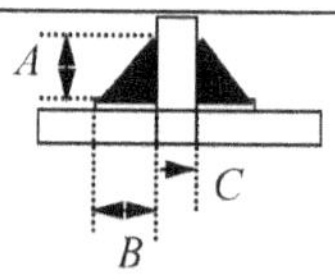 上锡高度 $A \geq$ 引脚宽度 C 且上锡要形成山坡状，同时上锡宽度 $B \geq$ 引脚宽度 C		$A < C$ 或 $B < C$ 未形成山坡状
	双面板上锡标准	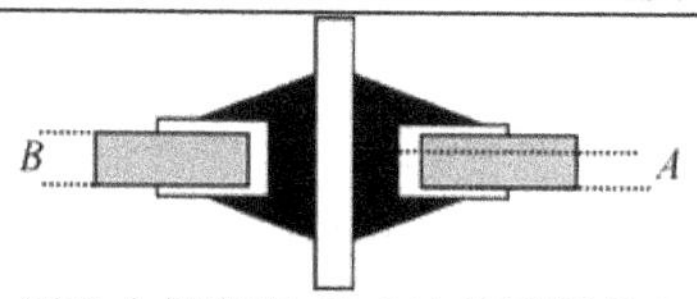 通孔上锡高度 $A \geq 3/4$ 基板厚度 B		$A < 3/4B$
	面积与角度	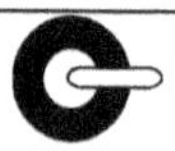 1. 焊锡达到焊盘面积的75%以上(包括5%) 2. 引脚上锡要达到360°		焊锡面积<75%或引脚上锡<360°
	圆形上锡标准	 焊锡宽度≥元器件的宽度		 焊锡宽度<元器件的宽度
	锡尖	直方向锡尖： 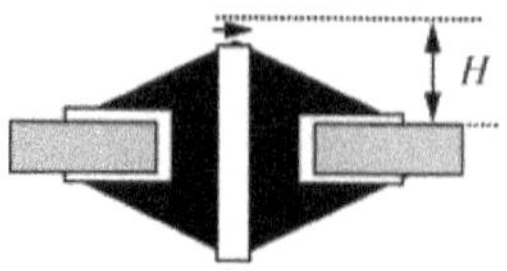 $H \leq 2.0$mm(从基板面开始在2.0mm以下)	目视/卡尺	$H > 2.0$mm
		平面方向锡 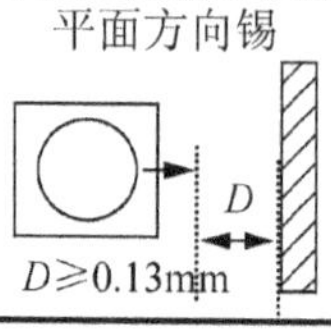 焊盘平面的锡尖接近导体，确保间隔在0.13mm以上 $D \geq 0.13$mm	目视/塞规	$D < 0.13$mm

续表

检查项目		图示标准及限度	检查工具/方法	不良现象
上锡状态	锡尖	直方向锡尖：H 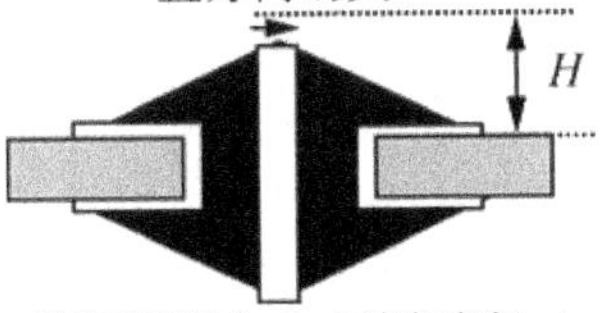 脚侧面锡尖 B≤引脚脚径 A	目视	B>A
	多锡	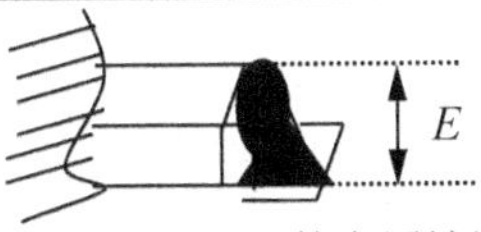 E 最高焊点 E 可以到元器件金属镀层端帽的顶部，但不可接触元器件体		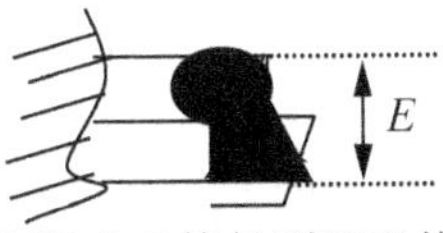 E 最高焊点 E 接触到元器件体
		 上锡后成坡峰状		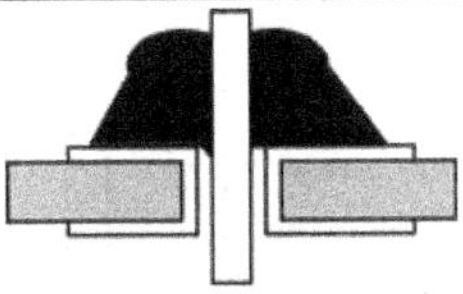 上锡后锡量过多不成坡状
		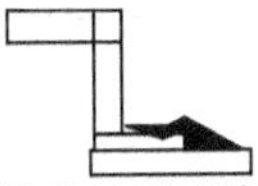 上锡后能确认到引脚的轮廓		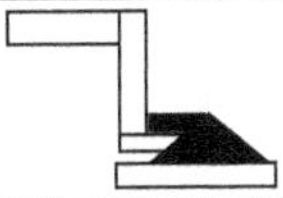 上锡后不能确认到引脚的轮廓
	锡珠	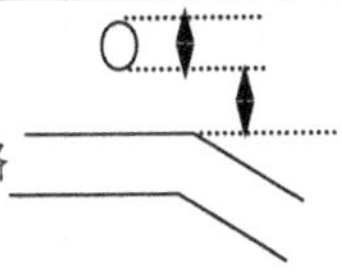 线路 锡珠直径≤0.13mm 且固定锡珠距导线≥0.13mm	塞规	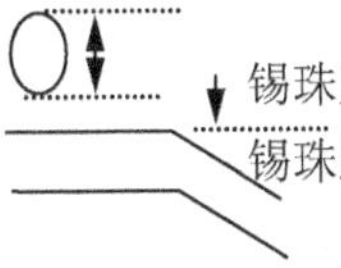 锡珠直径>0.13mm 锡珠距导线<0.13mm
	连锡	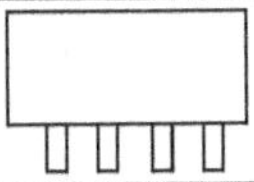	目视/显微镜	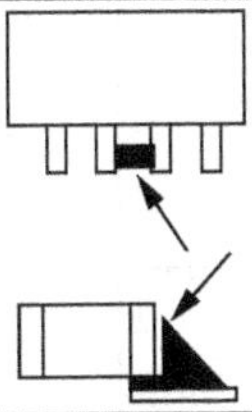
	锡裂	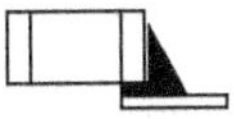		
	假焊	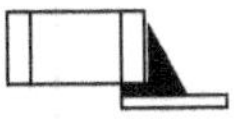		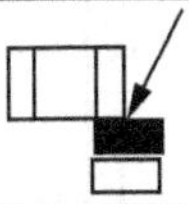 焊锡熔化不充分，被焊物易脱落(一般被焊物有氧化时会出现)
	冷焊	锡点光亮饱满，不可成沙粒状		 锡未融化，成沙粒状

续表

检查项目		图示标准及限度	检查工具/方法	不良现象
贴装状态	CHIP件（矩形及方形）	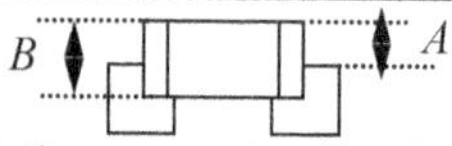 侧面偏移 $A \leqslant 1/2$ 元器件可焊端度 B	目视/显微镜	$A > 1/2B$
		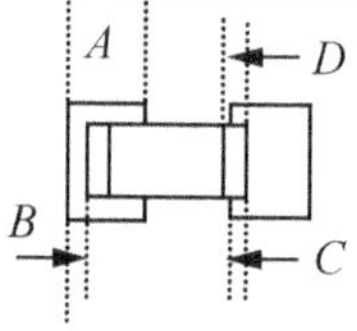 左右偏移 $B \geqslant 1/5A$，同时 $C \geqslant 1/2D$		$B < 1/5A$ 同时 $C < 1/2D$
	CHIP（圆形）	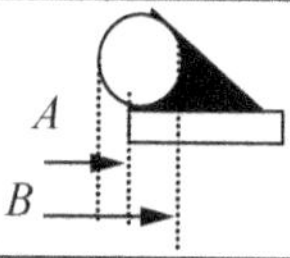 侧面偏移 $A \leqslant 1/4B$		$A > 1/4B$
	IC（扁平形引脚）	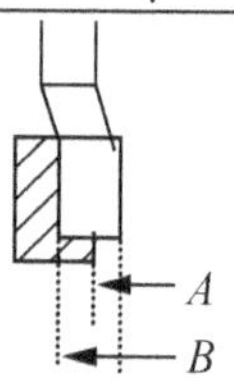 侧面偏移 $A \geqslant 1/2B$		$A > 1/2B$
		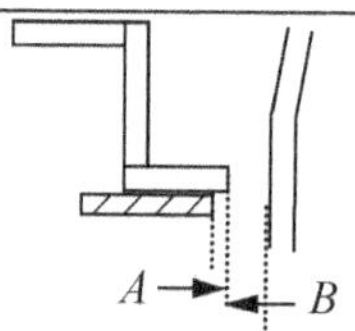 上下偏移 $A \leqslant 0.2$mm 与导体间距 $B \leqslant 0.13$mm	目视/塞规	$A > 0.2$mm 且 $B < 0.13$mm
	IC（I形引脚）	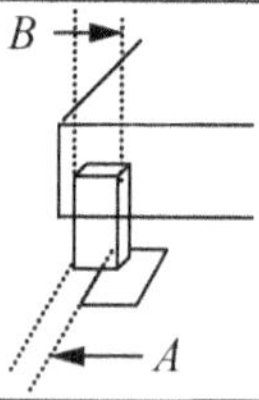 侧面偏移 $A \leqslant 1/4B$	目视/显微镜	$A > 1/4B$
		不可上下偏移		上下偏移
	IC（J形引脚）	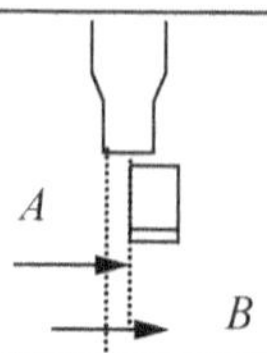 侧面偏移 $A \leqslant 1/2B$		$A > 1/2B$
		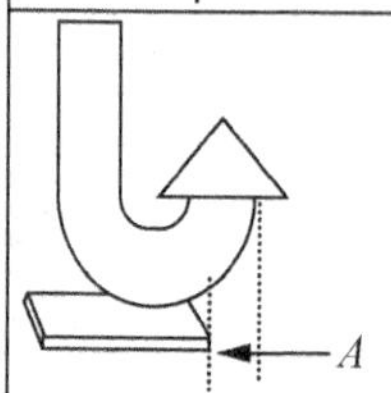 对趾部偏移 A 不作要求，但要满足上锡标准		未达到上锡的标准

续表

检查项目		图示标准及限度	检查工具/方法	不良现象
贴装状态	侧件	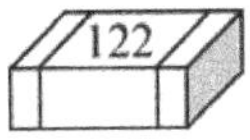 122		 122 立件影响外观但不影响功能
	反面(贴装颠倒)	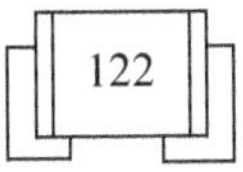 122		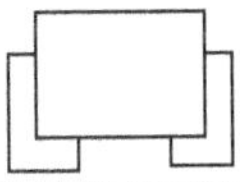 反面影响外观但不影响功能
	墓碑	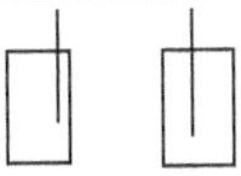		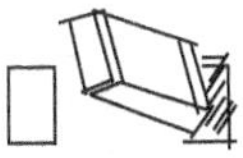 墓碑
	反向(极性反)	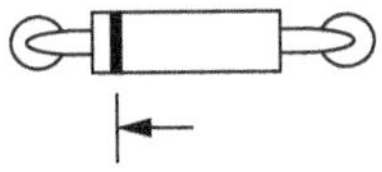 一致		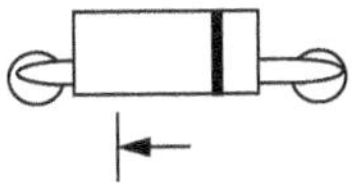 元器件方向与基板上丝印方向不一致
	错位	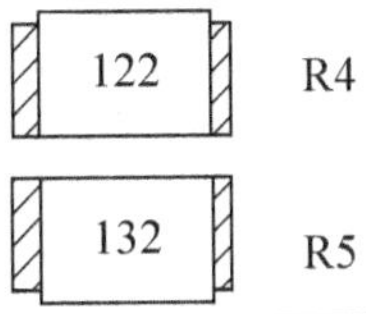 122 R4 132 R5 一致		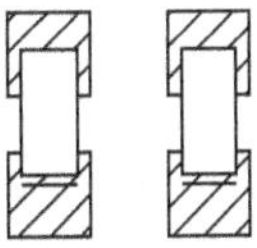 贴装位置与丝印位置不一致
	错料	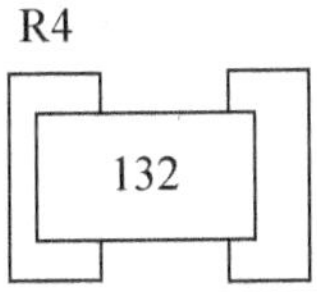 R4 132 BOM要求规格：1.3kΩ		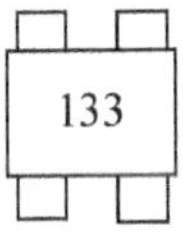 133 实用：1.3MΩ
	浮起	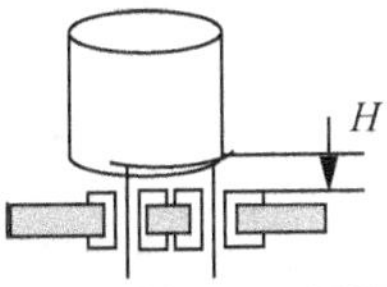 H $H>0.3$mm	目视/塞规	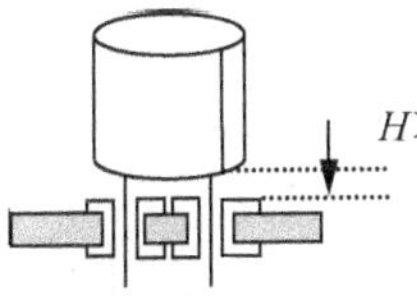 $H>0.3$mm
	盲点	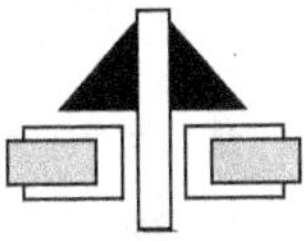 上锡后能确认到引脚	目视	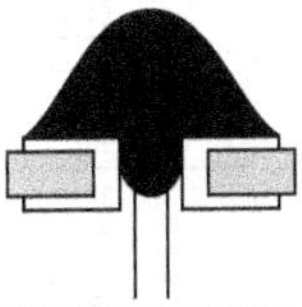 上锡后不能确认到引脚
	脆脚	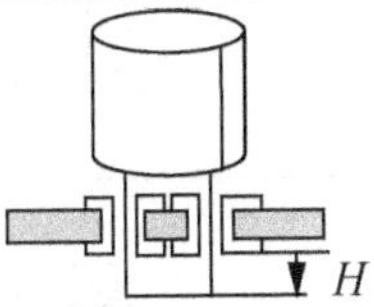 引脚插入孔内 H		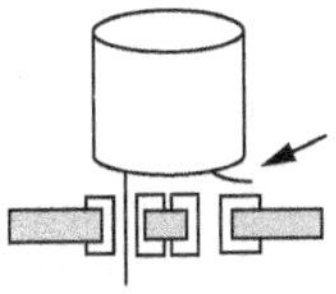 引脚没有插入孔内
引脚长度	上锡面	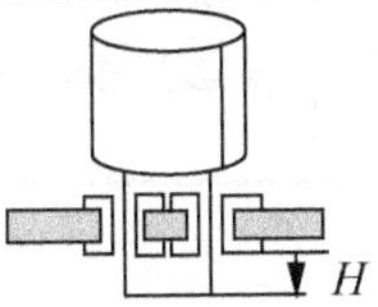 上锡面引脚长度H在1.0～2.0mm之间 H	卡尺	$H<1.0$mm 或 $H>2.0$mm

续表

检查项目		图示标准及限度	检查工具/方法	不良现象
锡膏印刷	覆盖面积	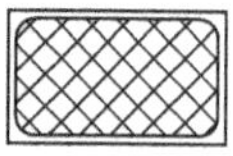 覆盖面积(焊盘上全部覆盖有锡膏)	目视	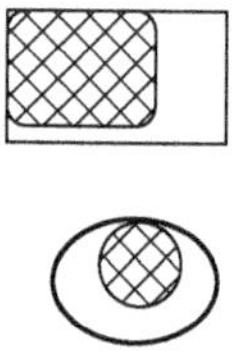 锡膏少锡(锡膏覆盖焊盘的面积小于3/4或75%)
	少锡	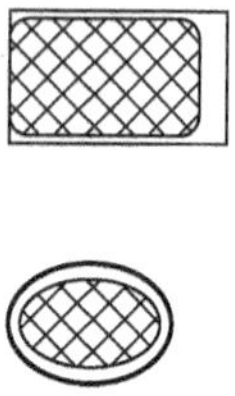 可接受少锡(在焊盘面积的3/4以上或75%以上有锡膏)		
	偏移	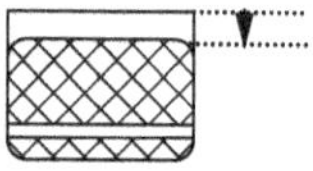 可接受偏移(偏移未超出焊盘面积的1/4)		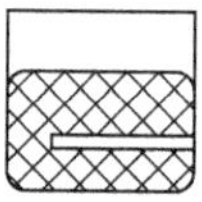 锡膏偏移(偏移超出焊盘面积的1/4)
	厚度	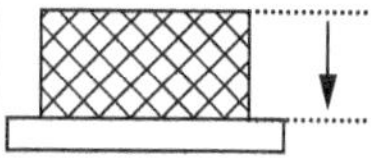 锡膏厚度的标准：大于或等于钢网厚度	目视/测定仪	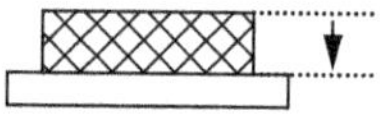 锡膏厚度：小于钢网厚度
	倒锡	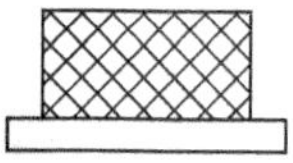 无锡膏倒塌	目视/显微镜	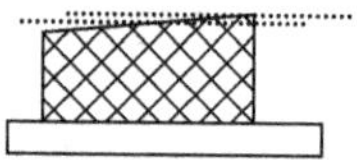 锡膏倒塌(锡膏表面上不饱满，不平)
	锡连	 无锡膏锡连	目视/显微镜	 锡膏锡连(锡膏与锡膏之间相连)
	针孔	 无锡膏针孔	目视/显微镜	 锡膏针孔(锡膏表面上不饱满，有窝状的针孔)

续表

<table>
<tr><th colspan="2">检查项目</th><th>图示标准及限度</th><th>检查工具/方法</th><th>不良现象</th></tr>
<tr><td rowspan="6">红胶水印刷</td><td rowspan="2">刮胶</td><td> 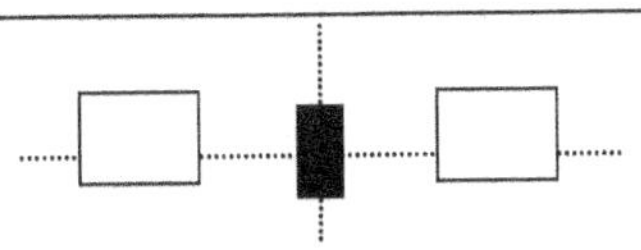红胶水应在两焊盘中间</td><td rowspan="6">目视</td><td> 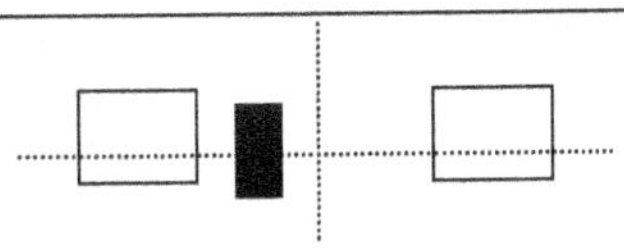红胶水偏向其中一个焊盘</td></tr>
<tr><td> 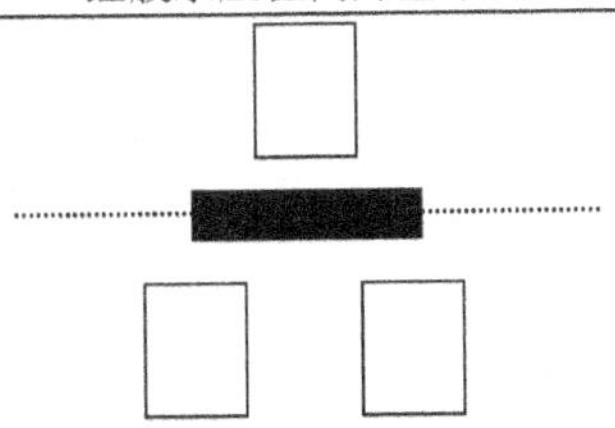红胶水应在焊盘中间</td><td> 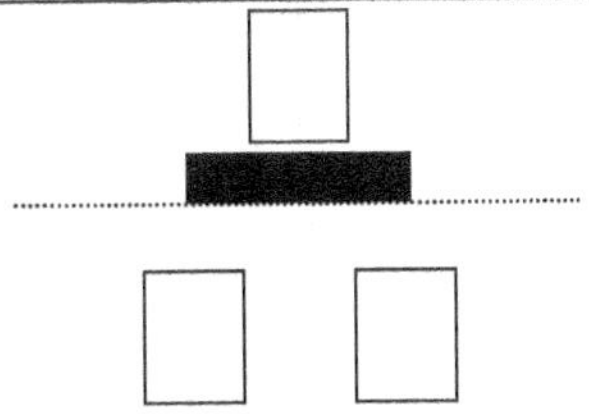红胶水偏向其中一个焊盘</td></tr>
<tr><td rowspan="2">点胶</td><td> 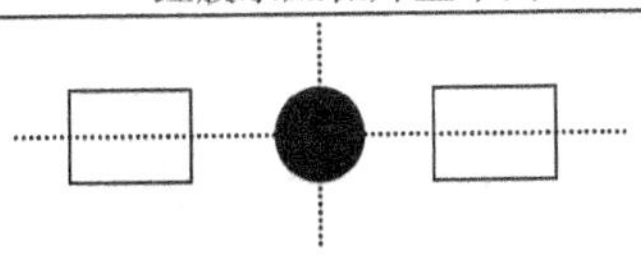红胶水应在两焊盘中间</td><td> 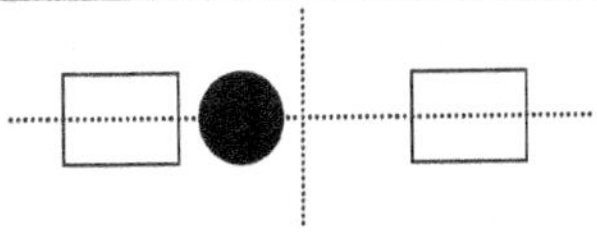红胶水偏向其中一个焊盘</td></tr>
<tr><td> 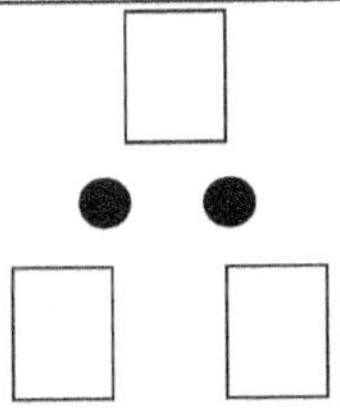多端子元器件要点两点或两点以上，且胶水应在焊盘中间</td><td> 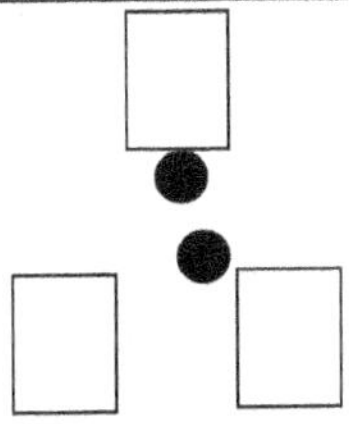红胶水偏向任意一个焊盘</td></tr>
<tr><td>溢胶</td><td> 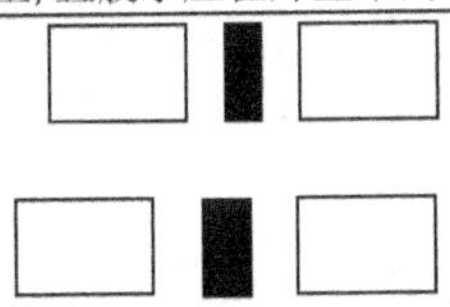没有溢胶在焊盘上</td><td> 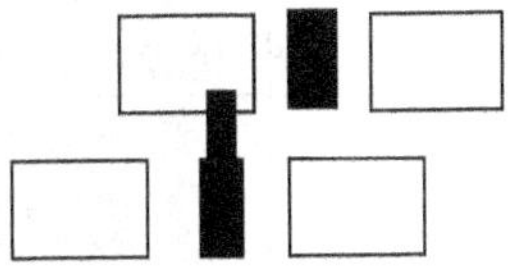溢胶到其他焊盘上</td></tr>
<tr><td>多胶</td><td> 焊盘上没有胶水</td><td> 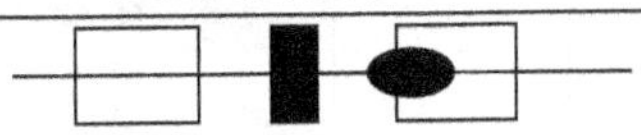焊盘上有胶水</td></tr>
<tr><td colspan="2">贴装元器件胶水力度</td><td> PCB
测试胶水力度：
1. 被测基板要完全冷却，从回流后到准备测试的时间达到20min
2. 推力计与被测试元器件成45°角
3. 推力要达到1.5kg(除1005元器件达到0.8 kg外)，元器件不掉
4. 在同一基板上，不同形状，大小的元件各测试二个</td><td>目视/推力计</td><td>推力没达到1.5千克元器件掉</td></tr>
</table>

续表

检查项目		图示标准及限度	检查工具/方法	不良现象
排插插针	变形	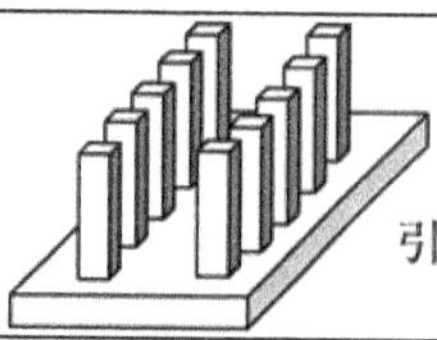 引脚无弯曲	目视	 引脚弯曲>引脚厚度50%
		 引脚弯曲≤引脚厚度50%		
	电镀不良	 无电镀层脱落及引脚飞边		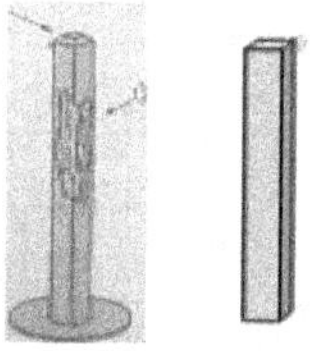 电镀层脱落 引脚飞边
	高低不平	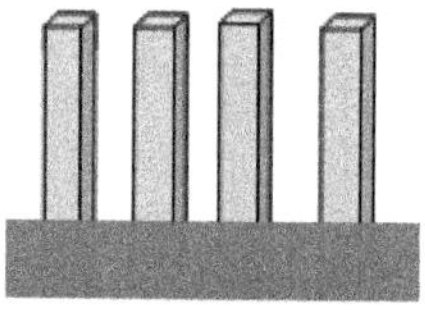 引脚高低一致		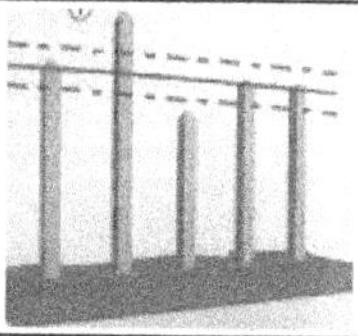 引脚高低不平，在修理浮起时特别注意此现象
焊线	焊线	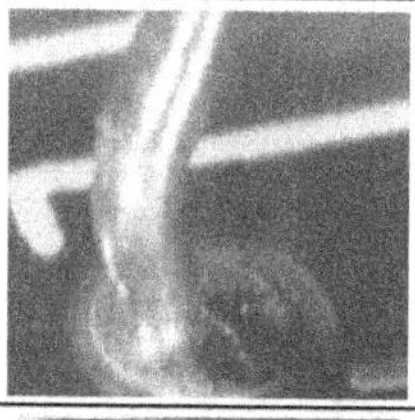 绝缘层与焊点有距离		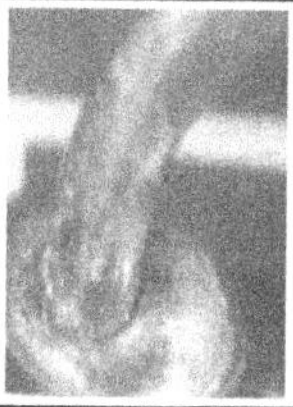 绝缘层进入焊孔影响焊接
插件弯脚	弯脚标准	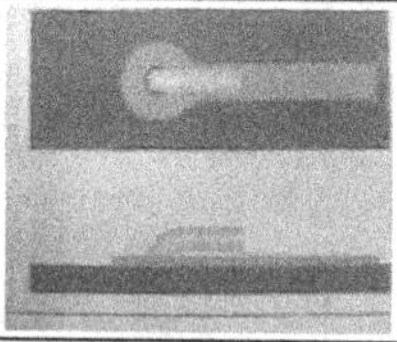 弯脚方向与焊盘相连的导线平行	目视/卡尺/塞规	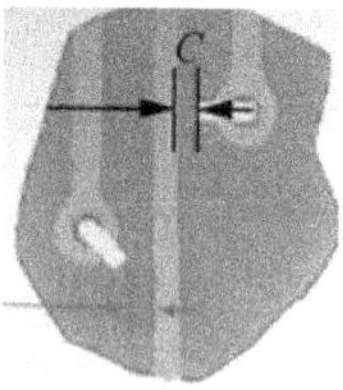 引脚与导线的间距C<0.3mm
		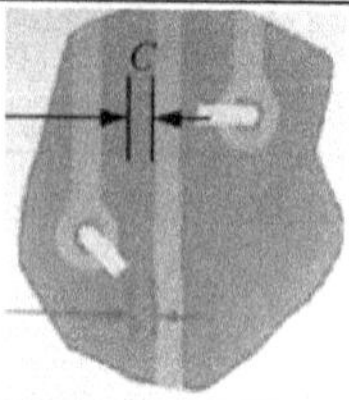 引脚与导线的间距 $C\geqslant0.3$mm		
		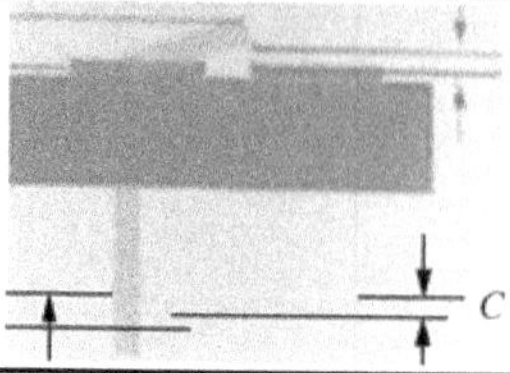 $L\leqslant2.0$mm 且$C\geqslant0.3$mm		$L>2.0$mm 或 $C<0.3$mm

续表

检查项目		图示标准及限度	检查工具/方法	不良现象
基板外观	松香	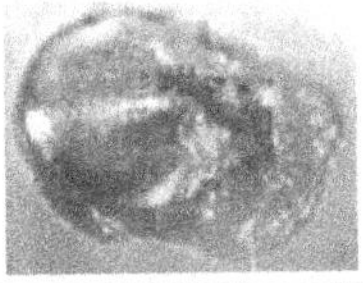 不可大面积滴松香，且松香发黄为可接收的	目视	
	破损	 没有露出材质	目视	 大面积没有绝缘漆且露金属材质
		 1. 封装体上有残缺，但没有触及引脚和密封处 2. 残缺不影响标识的完整性	目视	 1. 封装体上的残缺触及到管脚的密封处 2. 封装体上的残缺造成封装内部的管脚暴露在外
		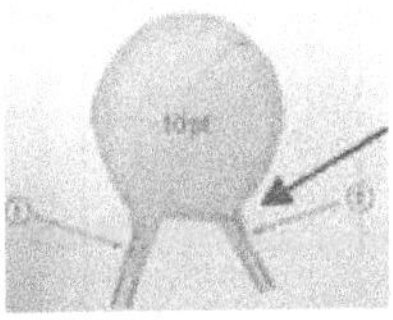 1. 元器件有残缺，但元器件的基材或功能部位没有暴露在外 2. 元器件的结构完整性没有受到破坏	目视	反则 NG
	变形	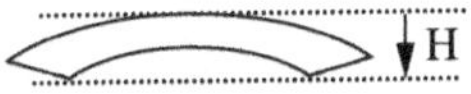 H 基板变形H要小于或等于本身基板厚度	目视	反则 NG
	金手指	 金手指上不可有氧化、翘皮、脏污，刮伤，焊锡等不良	目视	 1. 金手指上有锡堆 2. 无感刮伤宽度＞0.3mm 3. 纵向无感刮伤长度＞100mm 4. 接触区有缺口或凹陷
	起铜皮	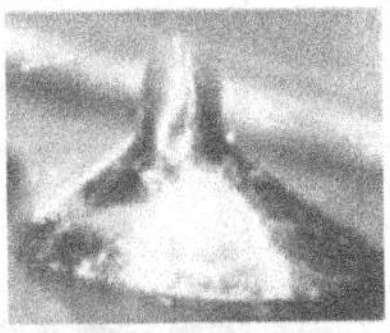 焊盘与基材、导线之间没有脱离现象	目视	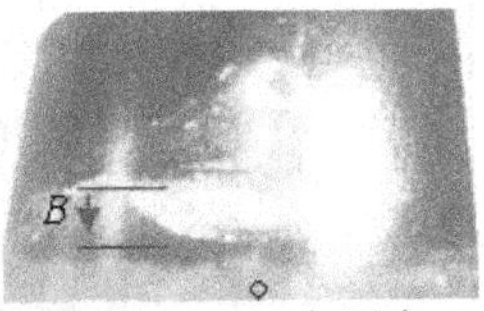 B 1. 脱离间隙 B＞焊盘厚度 A 2. 脱离面积＞50%
		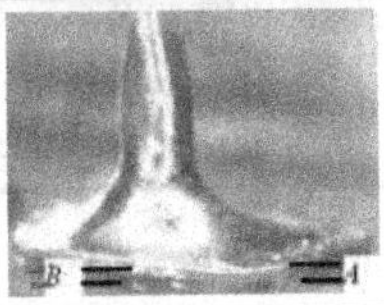 B A 1. 脱离间隙 B≤焊盘厚度 A 且面积只可达到 50%	目视/塞规	

续表

检查项目		图示标准及限度	检查工具/方法	不良现象
基板外观	丝印	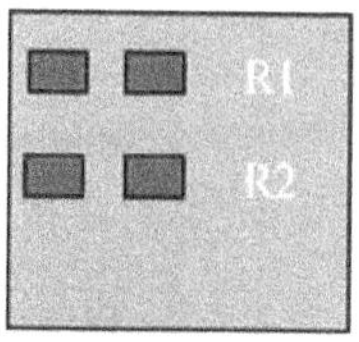 R1 R2 数字完整无缺	目视	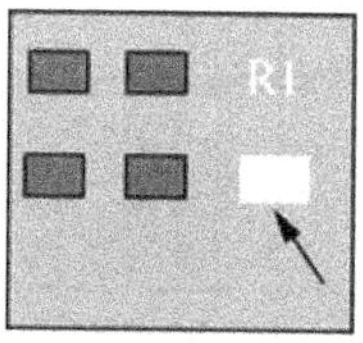 R1 印字不可识别
		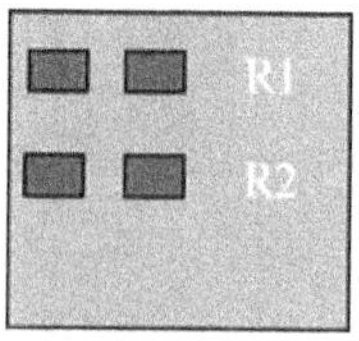 R1 R2 印字没有接触到焊盘		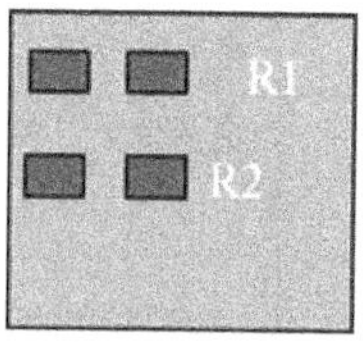 R1 R2 印字接触到焊盘
		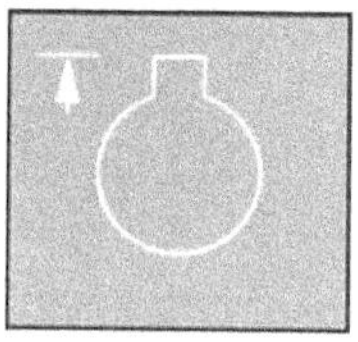 极性清晰，标记齐全		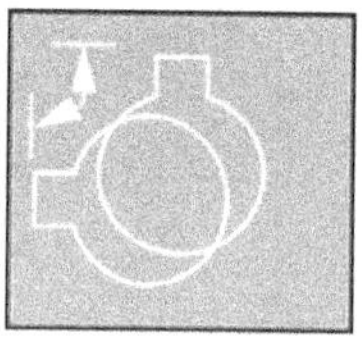 重印不能判别
	连导线	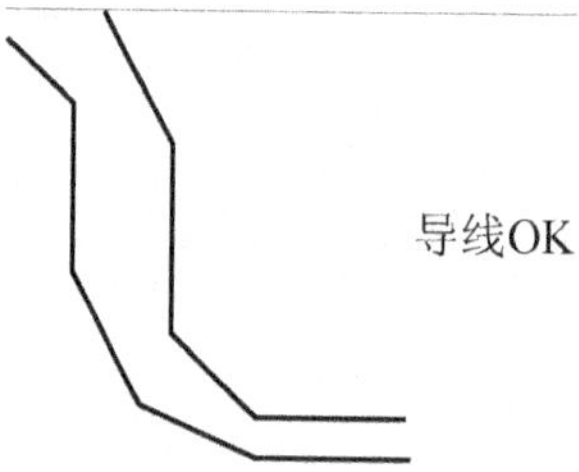 导线OK		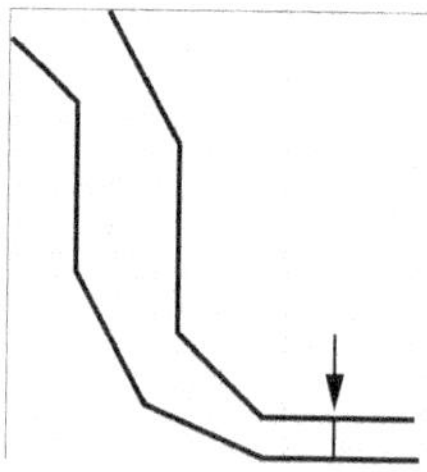 连导线NG
	绿油	绿油平整，无起泡、桔皮、波纹状、掉绿油等		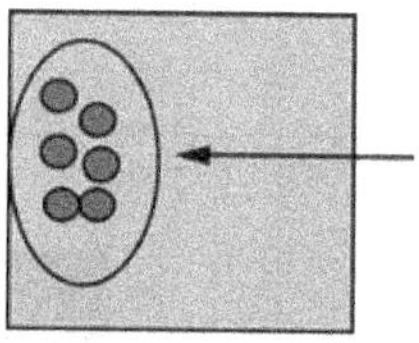 绿油起泡
				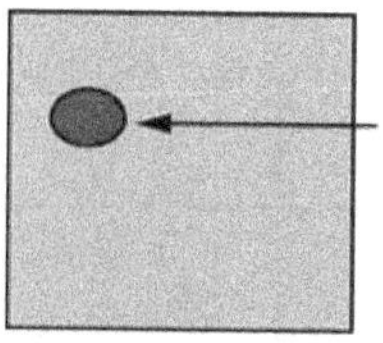 掉绿油
		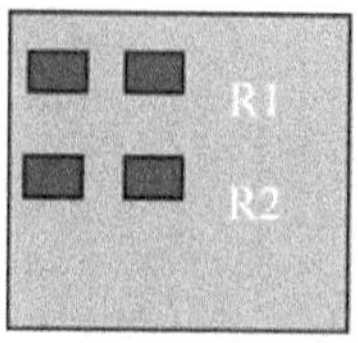 R1 R2 焊盘上无绿油		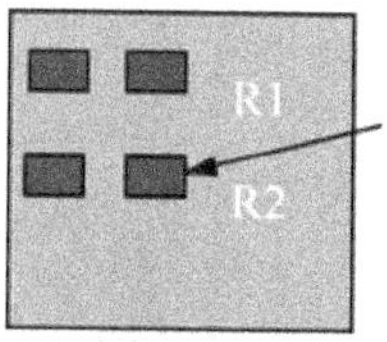 R1 R2 焊盘有绿油

参 考 文 献

[1] 曾祥富. 电工技能与训练 [M] .2 版 . 北京：高等教育出版社，2001.
[2] 姚金生，郑小利，等 . 元器件 [M] . 北京：电子工业出版社，2008.
[3] 邓祥周. 电工电子技能训练 [M] . 北京：国防工业出版社，2011.
[4] 袁照兰. 电工电子技能实训教程(上、下册 .) [M] . 西安：西安出版社，2010.
[5] 熊幸明. 电工电子技能训练 [M] . 北京：电子工业出版社，2004.
[6] 杨承毅. 电子技能实训基础：电子元器件的识别和检测 [M] .2 版 . 北京：人民邮电出版社，2010.
[7] 陈国培. 电子技能实训 · 中级篇 [M] .2 版 . 北京：人民邮电出版社，2010.
[8] 许胜辉. 电子技能实训 [M] . 北京：人民邮电出版社，2005.
[9] 朱国兴. 电子技能与训练 [M] . 北京：高等教育出版社，2005.
[10] 迟钦河. 电子技能与实训 [M] .3 版 . 北京：电子工业出版社，2005.
[11] 张大彪. 电子技能与实训 [M] . 北京：电子工业出版社，2003.
[12] 谭克清. 电子技能实训 · 初级篇 [M] . 北京：人民邮电出版社，2006.